高等职业教育"十三五"规划教材

电子技术实验指导书

主　编　成友才
副主编　文　英　贺　涛

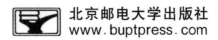 北京邮电大学出版社
www.buptpress.com

内 容 简 介

《电子技术实验指导书》为高等职业教育"十三五"规划教材。本书共分电路基础实验、模拟电子技术实验和数字电子技术实验三大部分,主要包括常用仪器仪表的使用、电路基本定理验证、放大电路测试、元器件识别检测、逻辑电路功能测试等26项实验。

本教材可作为高职高专院校应用电子技术类、自动化类、电子信息类、电气类、通信技术类等相关专业的电子技术实验教学用书,还可作为相关工程技术人员的参考用书。

图书在版编目(CIP)数据

电子技术实验指导书 / 成友才主编. -- 北京:北京邮电大学出版社,2018.8(2024.8重印)
ISBN 978-7-5635-5519-2

Ⅰ.①电… Ⅱ.①成… Ⅲ.①电子技术-实验-高等职业教育-教学参考资料 Ⅳ.①TN-33

中国版本图书馆 CIP 数据核字(2018)第 169024 号

书　　　名:电子技术实验指导书
著作责任者:成友才　主编
责 任 编 辑:徐振华　王 义
出 版 发 行:北京邮电大学出版社
社　　　址:北京市海淀区西土城路 10 号(邮编:100876)
发 行 部:电话:010-62282185　传真:010-62283578
E-mail:publish@bupt.edu.cn
经　　　销:各地新华书店
印　　　刷:河北虎彩印刷有限公司
开　　　本:787 mm×1 092 mm　1/16
印　　　张:8.25
字　　　数:195 千字
版　　　次:2018 年 8 月第 1 版　2024 年 8 月第 6 次印刷

ISBN 978-7-5635-5519-2　　　　　　　　　　　　　　定 价:28.00 元

前　言

　　随着现代通信电路技术和微电子技术的快速发展,电子技术已经应用到各行各业。电子技术基础是一门实践性很强的课程,它的任务是使学生了解电子技术方面的基本理论,获得基本知识和基本技能,培养学生分析问题和解决问题的能力。不论是学习电子技术课程的学生,还是从事电子技术领域工作的工程技术人员,都具有这样一个共识:电子技术离不开实验。

　　电子技术实验内容丰富,涉及的知识面很广,主要覆盖:万用表、示波器、信号源等常用电子仪器设备的使用方法;频率、相位、时间、脉冲波形参数和电压、电流的平均值、有效值、峰值以及各种电子电路主要技术指标的测试技术;常用元器件的质量判别和参数测量;小规模电子线路的设计、组装与调试技术;实验数据的分析、处理能力;电子线路仿真软件应用等。

　　实验的基本任务就是使学生在基本实践知识、基本实验理论和基本实验技能三个方面受到较为系统的教学训练,同时逐步培养学生自主动手分析问题、解决问题的能力,培养学生将理论与实践有效结合的能力。

　　本实验指导书内容上自成体系,突出知识性、系统性、应用性、实践性,强调培养正确、良好的操作习惯,使学生逐步积累经验并且不断提高实验水平,努力将学生培养成高素质的专业人才。

　　本实验指导书由成友才担任主编,并进行统稿。文英编写实验一至实验六,实验八至实验十;成友才编写实验七、实验十一至实验十九,以及附录 A;贺涛编写实验二十至实验二十六,以及附录 B、附录 C、附录 D、附录 E。

　　由于编写仓促,教材中难免有不足之处,敬请广大读者批评指正。

编　者

2018 年 3 月

目　　录

实验须知 ……………………………………………………………… Ⅰ

第一篇　电路基础实验

实验一　万用表的认识和使用 ……………………………………… 3

实验二　基尔霍夫定律的验证 ……………………………………… 8

实验三　电阻的串联、并联和混联及电位的测量研究 …………… 10

实验四　电源等效变换的研究 ……………………………………… 13

实验五　叠加原理的验证 …………………………………………… 16

实验六　戴维南定理的验证和最大功率传输条件测试 …………… 18

实验七　常用仪器仪表的使用 ……………………………………… 23

实验八　RLC 串联谐振研究 ………………………………………… 30

实验九　RC 一阶电路的充放电测试 ……………………………… 33

实验十　RC 选频网络特性测试 …………………………………… 36

第二篇　模拟电子技术实验

实验十一　电路基本元器件认识和检测 …………………………… 41

实验十二　整流滤波与并联稳压电路 ……………………………… 44

实验十三　三极管单管共射极放大器 ……………………………… 47

实验十四　三极管两级放大电路 …………………………………… 51

实验十五　负反馈放大电路 ………………………………………… 53

实验十六　集成运算放大器的基本应用 …………………………… 56

实验十七　RC 正弦波振荡器 ……………………………………… 59

实验十八　波形变换电路 …………………………………………… 61

实验十九　低频功率放大器 ………………………………………… 63

第三篇　数字电子技术实验

实验二十　逻辑门电路的逻辑功能及测试 ……………………………… 67

实验二十一　编译码器及其应用 …………………………………………… 71

实验二十二　加法器及数据选择器 ………………………………………… 74

实验二十三　触发器及其应用 ……………………………………………… 77

实验二十四　计数器及其应用 ……………………………………………… 81

实验二十五　移位寄存器及其应用 ………………………………………… 84

实验二十六　555 定时电路及其应用 ……………………………………… 88

附录 A　常用元器件 ………………………………………………………… 92

附录 B　测量误差与数据处理 ……………………………………………… 97

附录 C　数字示波器测量信号参数 ……………………………………… 100

附录 D　逻辑笔的使用基础 ……………………………………………… 104

附录 E　Multisim 的使用 ………………………………………………… 106

实 验 须 知

1. 实验前准备工作

(1) 明确实验目的,熟悉实验内容,掌握实验步骤。

(2) 做好实验前预习和必要的准备,对实验中需要理论计算的内容进行计算,便于与实验结果相互验证,做到理论指导实验,实验验证理论。

(3) 带上必要的实验工具,包括实验教材、万用表、书写工具、实验报告等。

(4) 着装规范,禁止带饮料、食品到实验室。

2. 进入实验室后

(1) 熟悉所用的实验箱及相关仪器设备,了解其外观、性能。

(2) 检查本次实验所需实验箱,仪器仪表、耗材是否齐全完好。

(3) 检查仪器时,在通电瞬间,应注意仪器是否正常工作,不要只看开关。如有不正常现象,应立即断电并找出原因。

3. 实验进行时

(1) 根据实验指导书连接电路和仪器设备,实验接线要简单、正确、明了,根据电路特点,选择合理接线顺序。一般情况,要求一个同学接线,另一个同学检查,经同组同学共同确认后方可通电。

(2) 电路连接正常情况下,按规定步骤进行操作,读取实验数据,并及时记录。数据如有问题,需要重新测量或重新实验操作。

(3) 各种操作要有目的地进行,不可盲动。对于各实验中的注意事项,以及老师在课堂中强调的事项,在做实验时要特别留意。

(4) 在做实验时,如遇到问题,及时举手示意实验指导教师。

注意:连接和修改电路应在断电的情况下进行!

4. 实验结束

实验完成后,关闭所有实验设备电源,整理仪器仪表、实验设备和实验桌椅,关闭窗户。经老师同意下课之后,方可离开实验室。

5. 实验报告内容和要求

(1) 实验报告要用学校统一的实验报告,规范完整填写实验报告封面。电路图、坐标和表格要求使用直尺画线,规范书写。

(2) 实验报告的内容应包括:实验目的、实验原理、步骤简述、实验数据(含实测数据和对实验数据的分析)、波形等。

（3）每个实验后的思考题必须完成。

（4）对实验过程中出现的现象或各种问题,相互讨论,可以向老师提出自己的改进意见和要求、希望等。

第一篇

电路基础实验

实验一　万用表的认识和使用

一、实验目的

　　1. 熟悉实验箱各类电源及各类元件的布局和使用方法。
　　2. 掌握万用表的使用方法。

二、实验器材

　　1. 电路分析实验箱 DICE-DGA。
　　2. 数字式万用表。

三、实验原理

　　1. 万用表又称多用表,可以测量电流、电压和电阻等;还可以测量电容、电感以及二极管、晶体管的某些参数;也可以用来判断导线的好坏等,如图 1-1 所示为一种典型的数字万用表,图 1-2 所示为万用表常用符号含义。

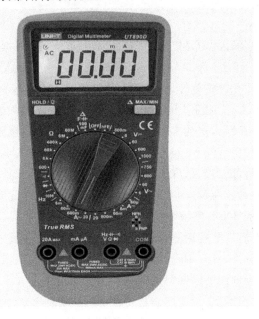

图 1-1　数字万用表

图 1-2 万用表常用符号含义

2．数字式万用表的使用方法

（1）电压的测量

- 红表笔插入"VΩ"孔，黑表笔插入"COM"孔。

- 根据被测电压大小将量程旋钮转到 V-（直流电压）或 V～（交流电压）的适当位置（比被测电压大且最接近被测电压值挡位），将红表笔和黑表笔按参考方向接入电路且并联在待测元件两端。

- 读出显示屏上显示的数据和单位，若读数为正，则实际方向与参考方向相同；若读数为负，则实际方向与参考方向相反；若显示"OL"，则被测值大于量程，应更换大量程。

- 注意：不能带电更换量程！应将表笔脱离被测电路后才能切换量程。

（2）直流电流的测量

- 断开电路

- 将黑表笔插入"COM"孔，估计被测电流大小，根据被测值大小选择红表笔插入"mAμA"或者"20 A"插孔。若测量大于 600 mA 的电流，则要将红表笔插入"20 A"插孔并将旋钮转到直流"20"挡；若测量小于 600 mA 的电流，则将红表笔插入"mAμA"插孔，将旋钮转到直流 600 mA 以内的合适量程。

- 断开被测线路，将数字万用表根据参考方向串联接入被测线路中，即：被测线路中电流从红表笔流入，经万用表黑表笔流出，再流入被测线路中。

- 接通电路，读出显示屏上显示的数据和单位，若读数为正，则实际方向与参考方向相同；若读数为负，则实际方向与参考方向相反（此时电流从万用表黑表笔流入）；如果显示"OL"，则被测值大于量程，应更换大量程。

- 注意：不能带电换量程！应将表笔脱离被测电路后才能切换量程。测量电流必须断开原电路，将万用表串联进电路，为防止电流挡误测电压而烧表，建议电流测量完毕后应将红笔插回"VΩ"孔。

（3）电阻的测量

- 首先红表笔插入"VΩ"孔，黑表笔插入"COM"孔。

- 量程旋钮转到"Ω"量程挡适当位置。"600"挡时单位是 Ω，在"6 k～600 k"挡时单位是 kΩ,在"6 M～60 M"挡时单位 MΩ。

- 将被测电阻独立出来,即被测电阻不能带电和有并联支路。
- 分别用红黑表笔接到电阻两端金属部分,此时请勿将手接触表笔和被测电阻金属,这会导致测量时引入人体电阻。
- 读出显示屏上显示的数据和单位,如果显示"OL",则被测值大于量程,应更换更大的量程。当没有连接好时,如开路情况也会显示为"OL"。对于大于 1 MΩ 或更大的电阻,要等几秒以后读数才能稳定,这是正常的现象。

（4）通断测试

- 首先红表笔插入"VΩ"孔,黑表笔插入"COM"孔。
- 将量程旋钮打到 •))) 挡,将万用表红黑表笔分别接到被测线路两端。
- 若听到蜂鸣声则线路是导通的,若无声音则被测线路为断开的(此方法可用于检测导线好坏)。
- 注意:通断测试的被测线路不能带电!

（5）二极管的测量

- 首先红表笔插入"VΩ"孔,黑表笔插入"COM"孔。
- 将量程旋钮打到 ⊶⊢ 挡,红黑表笔分别接到待测二极管引脚两端正负极。
- 二极管正向导通时,对于锗二极管,LCD 屏上显示电压为"100～300 mV"(0.1～0.3 V);对于硅二极管,LCD 屏上显示电压为"500～800 mV"(0.5～0.8 V);对于发光二极管 LCD 屏上显示电压为"1.6～1.8 V"。二极管极性接反或者开路时 LCD 屏上显示"OL"。
- 注意:被测二极管不能带电!

（6）晶体管的测量

- 首先将量程旋钮打到 hFE 挡。
- 将晶体管按 NPN 或 PNP 分别将三极管的 e、b、c 三只引脚插入 。
- 如果晶体管管型和引脚判断正确,则 LCD 屏上将显示几十至几百的数字,此数字为晶体管直流放大倍数。否则,晶体管管型和引脚判断错误,需重新交换引脚测量。

（7）电容的测量

- 首先红表笔插入"VΩ"孔,黑表笔插入"COM"孔。
- 将量程旋钮打到 ⊣⊢ 100 mF 挡。
- 对被测电容进行充分放电(可将电容两只引脚引直接短接放电)。
- 将红黑表笔分别接到已放电电容引脚上。
- 读出显示屏上显示的数据和单位。

（8）HOLD 键

按下万用表"HOLD"键时,LCD 屏上会显示"H",此时将暂时保存当前测量值。如果要测量新的物理量,需要再次按下"HOLD"键,取消保持功能,此时 LCD 屏上会显示"H"消失。

注意:使用完闭合后请将量程旋钮置于"OFF"挡。当停止使用 15 分钟后,万用表将自动关机,此时需要重新旋转量程旋钮开机。

四、实验内容及步骤

1. 实验箱稳压电源的使用

稳压电源是实验中必不可少的仪器,根据不同型号其具体使用有所不同,但基本原理是相同的,它把交流电压转换为直流电压,并通过调整旋钮改变其输出。电路分析实验箱 DICE-DGA 的稳压电源有+12 V、−12 V 以及可调电压源和可调电流源。

正确使用实验箱中+12 V 的稳压电源,用万用表测量其输出开路电压 U_{oc},并在表 1-2 中记录测量值。

2. 万用表欧姆挡的使用

把转换开关置于欧姆挡,选择合适的量程,测试实验箱提供电阻的阻值。将记录的数据入填表 1-1。

表 1-1　电阻测量记录

被测电阻	R_1/Ω	R_2/Ω	R_3/Ω	$R_4/\text{k}\Omega$	$R_5/\text{k}\Omega$
标称值	51	200	510	1	20
实测值					

3. 万用表电流挡的使用

如图 1-3 连接电路,转换开关置于直流电流挡位,串联在被测支路中,测出 I_1、I_2 的值,并将记录测量的值填入表 1-2(电流表绝对不能并联在被测电路中,否则要烧坏万用表)。

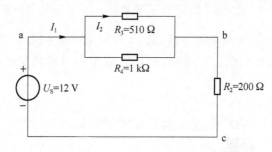

图 1-3　电阻串并联电路

4. 万用表电压挡的使用

转换开关置于直流电压挡位,测量图 1-3 所示电路中两点之间电压。在测量过程中,万用表应并联在被测电路两点之间。

表 1-2 电流电压测量记录表

被测变量	U_{oc}	I_1	I_2	U_{ab}	U_{bc}	U_{ac}
测量值						

实验注意事项：

1) 若使用可调电源,在开启可调电源开关前,应将两路电源的输出调节旋钮调至最小(逆时针旋到底),接通电源后,再根据需要缓慢调节。

2) 电压表应与被测电路并联,电流表应与被测电路串联,并且都要注意红表笔插孔的位置以及正、负极性与量程的合理选择。

五、思考题

1. 测试电路中电流、电压时,万用表应串联还是并联在电路中?

2. 测试电阻阻值时,为什么万用表不能直接测试接入电路并有电流流过的电阻?否则会有什么后果?

3. 在做实验步骤 1 时,直接用万用表测电源空载电压时,若万用表置于电流挡会有什么后果?请分析其中的原因。

4. 比较步骤 1 中的 U_{oc} 和步骤 4 中的 U_{ac},说明它们之间的区别。

实验二　基尔霍夫定律的验证

一、实验目的

1. 学会看电路图,学会连接简单的电路。
2. 验证基尔霍夫定律的正确性,加深对基尔霍夫定律的理解。
3. 巩固数字式万用表的使用。

二、实验器材

1. 电路分析实验箱 DICE-DGA。
2. 数字式万用表。

三、实验原理

基尔霍夫定律是电路的基本定律。测量某电路的各支路电流及每个元件两端的电压,应能分别满足基尔霍夫电流定律(KCL)和电压定律(KVL)。

KCL 的内容:对电路中的任意一个节点而言,在任何时刻,流入节点的支路电流和流出节点的支路电流的代数和为零,即 $\Sigma I = 0$。

KVL 的内容:对电路中任意一个闭合回路而言,在任何时刻,所有元件两端的电压降和电压升的代数和为零,即 $\Sigma U = 0$。

运用上述定律时必须注意各支路或闭合回路中电流的参考正方向,此方向可预先任意设定。

四、实验内容及步骤

实验原理图如图 2-1 所示,采用实验箱中"基尔霍夫定律"模块。

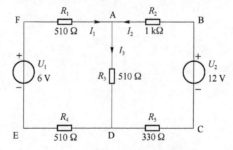

图 2-1　基尔霍夫定律验证电路

1. 实验前先任意设定三条支路的电流正方向和三个闭合回路的绕行方向。图 2-1 中的 I_1、I_2、I_3 的方向已设定。三个闭合回路的绕行正方向可设为 ADEFA、BADCB 和 FABCDEF。

2. 分别将两个直流稳压源接入电路，令 $U_1 = 6\text{ V}$，$U_2 = 12\text{ V}$。

3. 分别测量三路电流值，读出并将记录的电流值填入表 2-1。

4. 分别测量两路电源及电阻元件上的电压值，将记录数据填入表 2-1。

表 2-1　基尔霍夫定律验证数据记录表

被测量	I_1/mA	I_2/mA	I_3/mA	U_1/V	U_2/V	U_{FA}/V	U_{AB}/V	U_{AD}/V	U_{CD}/V	U_{DE}/V
计算值										
测量值										
相对误差										

5. 计算值的理论计算方法。

KCL：
$$I_3 = I_1 + I_2$$

KVL：
$$R_3 I_3 + R_4 I_1 - U_1 + R_1 I_1 = 0$$
$$-R_2 I_2 + U_2 - R_5 I_2 - R_3 I_3 = 0$$

联立方程计算电流，然后以欧姆定律计算电压（注意：计算时电阻和电压源应代入测量值，而非标称值）。

6. 相对误差的计算公式：

$$相对误差 = \frac{测量值 - 计算值}{计算值} \times 100\%$$

实验注意事项：

1）所有需要测量的电压值，均以电压表测量的读数为准。U_1、U_2 也需测量，不应取电源本身的显示值。

2）防止稳压电源两个输出端碰线短路。

3）所读取的电压值或电流值带上正负号。

五、思考题

1. 根据图 2-1 的电路参数，计算出待测的电流 I_1、I_2、I_3 和各电阻上的电压值，记入表 2-1 中，以便实验测量时，可正确地选定量程。

2. 用测量的数据验证基尔霍夫定律的正确性。

3. 分析误差产生的原因。

实验三　电阻的串联、并联和混联及电位的测量研究

一、实验目的

1. 加深理解和巩固电阻的联接与计算方法。
2. 掌握利用串联电阻分压及并联电阻分流的方法。
3. 加深对电位、电压及其相互关系的理解。

二、实验器材

1. 电路分析实验箱 DICE-DGA。
2. 数字式万用表。

三、实验原理

电阻在串联时,通过各电阻的电流为同一电流;各电阻电压降的和,等于电源的端电压,各电阻上的电压与阻值成正比;等效电阻为各电阻之和。

电阻在并联时,各电阻两端的电压为同一电压,等于电源的端电压;电路中的总电流,等于各支路电流的和,各支路电流与各支路电阻的阻值成反比;等效电阻的倒数等于各电阻倒数之和。

零电位点可以任意选定,但一经选定,其余各点电位均以此点为准。零电位点不同,各点电位的数值也不同。然而,对任意两点间的电位差(电压)是没有影响的。

四、实验内容及步骤

1. 基本参数测量

用万用表测量实验箱提供的各电阻的阻值,填入表 3-1 中。

表 3-1　电阻测量记录表

电　阻	$R_1=100\ \Omega$	$R_2=200\ \Omega$	$R_3=510\ \Omega$	$R_4=1\ \text{k}\Omega$	$R_5=2\ \text{k}\Omega$	$R_6=51\ \Omega$
测量阻值						

2. 电阻串联电路测量

将电阻 R_1、R_2、R_3 和稳压电压源 12 V 按图 3-1 接成串联电路。

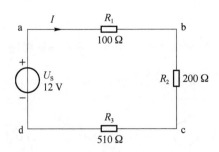

图 3-1　电阻串联电路图

（1）断开 12 V 的电压源，测 ad 端等效电阻；

（2）连接 12 V 的电压源，测出总电流 I；

（3）分别以 d 点和 b 点为零电位点，测出 φ_a、φ_b、φ_c、φ_d 的值；

（4）将上述测得的数据填入表 3-2。

表 3-2　串联电路测量记录表

零电位点	U_S/V	I/mA	测量 R	计算 R	φ_a/V	φ_b/V	φ_c/V	φ_d/V
d 点								
b 点								

3. 电阻并联电路

将电阻 R_3、R_4、R_5 和电压源 6 V 按图 3-2 接成并联电路。

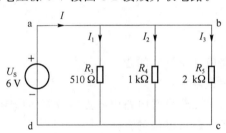

图 3-2　电阻并联电路图

（1）断开 6 V 的电压源，测 ad 端等效电阻；

（2）连接 6 V 的电压源，测出总电流 I 及各支路电流 I_1、I_2、I_3；

（3）分别以 a、d 为零电位点，测 a、b、d 点电位；

（4）将上述测得的数据填入表 3-3。

表 3-3　并联电路测量记录表

零电位点	U_S/V	I/mA	测量 R	计算 R	I_1/mA	I_2/mA	$I_3/mA/$	φ_a/V	φ_b/V	φ_d/V
a 点										
d 点										

4. 电阻混联电路

将电阻 R_1、R_2、R_6 和 3 V 的电压源按图 3-3 接成混联电路。

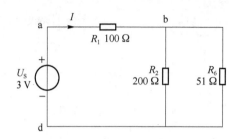

图 3-3　电阻混联电路图

(1) 断开 3 V 的电压源,测 ad 端等效电阻;

(2) 连接 3 V 的电压源,并测出总电流 I;

(3) 分别以 d 点和 b 点为零电位点,测出 φ_a、φ_b、φ_d 的值;

(4) 将上述测得的数据填入表 3-4。

表 3-4　混联电路测量记录表

零电位点	U_s/V	I/mA	测量 R	计算 R	φ_a/V	φ_b/V	φ_d/V
d 点							
b 点							

五、思考题

1. 连接电阻混联电路应注意哪些问题?

2. 混联的等效电阻怎么求解?

3. 什么是参考点? 参考点改变对电路中各点电位有何影响? 对电压有无影响?

4. 小结测量直流电压与各点电位的方法。

实验四　电源等效变换的研究

一、实验目的

1. 掌握电源外特性的测试方法。
2. 研究电压源与电流源等效变换的条件。

二、实验器材

1. 电路分析实验箱 DICE-DGA。
2. 数字式万用表。

三、实验原理

1. 一个直流稳压电源在一定的电流范围内,具有很小的内阻。故在实际应用中,常将它视为一个理想的电压源,即其输出电压不随负载电流而变。其外特性曲线,即伏安特性曲线 $U=f(I)$ 是一条平行于 I 轴的直线。一个实际应用中的恒流源在一定的电压范围内,具有很大的内阻,可视为一个理想的电流源。其输出电流是个定值,其伏安特性曲线是一条平行于 U 轴的直线。

2. 一个实际的电压源(或电流源),其端电压(或输出电流)不可能不随负载而变,因为它具有一定的内阻值。故在实验中,用一个小阻值的电阻(或大电阻)与稳压源(或恒流源)相串联(或并联)来模拟一个实际的电压源(或电流源)。

3. 一个实际的电源,就其外部特性而言,既可以看成是一个电压源,又可以看成是一个电流源。若视为电压源,则可用一个理想的电压源 U_S 与一个电阻 R_0 相串联的组合来表示;若视为电流源,则可用一个理想电流源 I_S 与一电导 G_0 相并联的组合来表示。如果这两种电源能向同样大小的负载供出同样大小的电流和端电压,则称这两个电源是等效的,即具有相同的外特性。

一个电压源与一个电流源等效变换的条件为:

$$I_S = U_S/R_0, G_0 = 1/R_0 \quad 或 \quad U_S = I_S R_0, R_0 = 1/G_0$$

如图 4-1 所示。

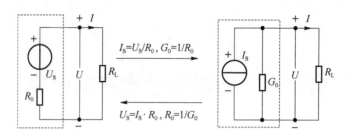

图 4-1　电压源与电流源等效示意图

四、实验内容及步骤

1. 测定直流稳压电源与实际电压源的外特性

（1）按图 4-2 接线。U_S 为＋12 V 直流稳压电源（将 R_0 短接）。调节 R_2，令其阻值由大至小变化，记录电压表和电流表的读数填入表 4-1。

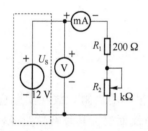 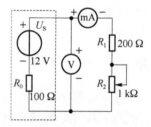

图 4-2　稳压电源外特性测试电路　　图 4-3　模拟电压源外特性测试电路

表 4-1　直流稳压电源外特性

U/V						
I/mA						

（2）按图 4-3 接线，虚线框可模拟为一个实际的电压源。调节 R_2，令其阻值由大至小变化，记录电压表和电流表的读数填入表 4-2。

表 4-2　模拟电压源外特性

U/V						
I/mA						

2. 测定电流源的外特性

按图 4-4 接线，I_S 为直流恒流源，调节其输出为 10 mA，令 R_0 分别为 1 kΩ 和 ∞（即接入和断开），调节电位器 R_L（从 0 至 1 kΩ），测出这两种情况下的电压表和电流表的读数。自拟数据表格，记录实验数据。

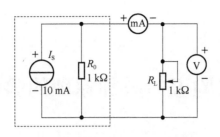

图 4-4　电流源外特性测试电路

3. 测定电源等效变换的条件

先按图 4-5(a)线路接线,记录线路中两表的读数。然后利用图 4-5(a)中右侧的元件和仪表,按图 4-5(b)接线。调节恒流源的输出电流 I_S,使两表的读数与 4-5(a)时的数值相等,记录 I_S 数值,验证等效变换条件的正确性。

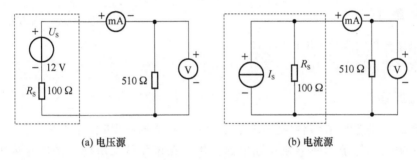

(a) 电压源 　　　　　　　　　　　　　　(b) 电流源

图 4-5　电压源和电流等效变换电路

实验注意事项:

1. 在测电压源外特性时,不要忘记测空载时的电压值。测电流源外特性时,不要忘记测短路时的电流值,注意恒流源负载电压不要超过 20 V,负载不开路。

2. 换接线路时,必须断开电源开关。

五、思考题

1. 通常直流稳压电源的输出端不允许短路,直流恒流源的输出端不允许开路,为什么?

2. 电压源与电流源的外特性为什么呈下降变化趋势?

实验五　叠加原理的验证

一、实验目的

1. 验证叠加原理适用于线性电路,不适用于非线性电路。
2. 加深对线性电路的叠加性和齐次性的认识和理解。

二、实验器材

1. 电路分析实验箱 DICE-DGA。
2. 数字式万用表。

三、实验原理

1. 叠加原理指出:在线性电路中,有多个独立源共同作用时,通过每一个元件的电流或其两端的电压,等于每一个独立源单独作用时在该元件上所产生的电流或电压的代数和。

使用叠加定理的时候需要注意以下事项:

(1) 叠加定理适用于线性电路,不适用于非线性电路。

(2) 叠加时,电路的连接以及电路中所有电阻和受控源都不得更改。电压源置零时电压源处用短路线替代,电流源置零时电流源处用开路替代。

(3) 叠加时一定要注意电流和电压的参考方向。

(4) 功率不能用叠加定理来计算。

2. 线性电路的齐次性定理:当激励信号(某独立源的值)增加 K 倍或减小为原来的 $1/K$ 时,电路的响应(即电路中各电阻元件的电流和电压值)也将增加 K 倍或减小为原来的 $1/K$。

四、实验内容及步骤

实验原理图如图 5-1 所示,用实验箱中"叠加原理"模块。

1. 将两路稳压源的输出分别调节为 12 V 和 6 V,接入 U_1 和 U_2 处。

2. 令 U_1 电源单独作用(将开关 S_1 投向 U_1 侧,开关 S_2 投向短路侧)。分别用直流数字万用表电压挡和电流挡测量各支路电流及各电阻元件两端的电压。

3. 令 U_2 电源单独作用(将开关 S_1 投向短路侧,开关 S_2 投向 U_2 侧),重复实验步骤 2 的测量。

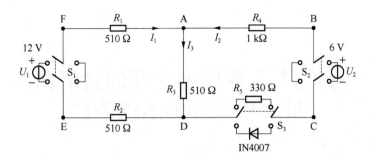

图 5-1　叠加定理验证电路

4. 令 U_1 和 U_2 共同作用(开关 S_1 和 S_2 分别投向 U_1 和 U_2 侧),重复上述的测量。

5. 将 U_2 的数值调至 $+12\ V$,重复上述第 3 项的测量并记录,所有数据填入表 5-1。

表 5-1　线性电路测量记录表

测量项目	U_1/V	U_2/V	I_1/mA	I_2/mA	I_3/mA	U_{AB}/V	U_{CD}/V	U_{AD}/V	U_{DE}/V	U_{FA}/V
U_1 单独作用										
U_2 单独作用										
U_1、U_2 共同作用										
$2U_2$ 单独作用										

6. 将 R_5(330 Ω)换成二极管 IN4007(即将开关 S_3 投向二极管 IN4007 侧),重复 1~5 的测量过程,数据记入表 5-2。

表 5-2　非线性电路测量记录表

测量项目	U_1/V	U_2/V	I_1/mA	I_2/mA	I_3/mA	U_{AB}/V	U_{CD}/V	U_{AD}/V	U_{DE}/V	U_{FA}/V
U_1 单独作用										
U_2 单独作用										
U_1、U_2 共同作用										
$2U_2$ 单独作用										

五、思考题

1. 在叠加原理实验中,要令 U_1、U_2 分别单独作用,应如何操作?可否直接将不作用的电源(U_1 或 U_2)短接置零?

2. 实验电路中,若有一个电阻器改为二极管,试问叠加原理的叠加性与齐次性还成立吗?为什么?

实验六　戴维南定理的验证和最大功率传输条件测试

一、实验目的

1. 验证戴维南定理的正确性,加深对该定理的理解。
2. 掌握测量有源二端网络等效参数的一般方法。
3. 通过自行设计等效参数测定电路验证戴维南定理。
4. 掌握并验证负载获得最大传输功率的条件。
5. 了解电源输出功率与效率的关系。

二、实验器材

1. 电路分析实验箱 DICE-DGA。
2. 数字式万用表。

三、实验原理

1. 任何一个线性含源网络,如果仅研究其中一条支路的电压和电流,则可将电路的其余部分看作是一个有源二端网络(或称为含源一端口网络)。

戴维南定理指出:任何一个线性有源网络,总可以用一个电压源与一个电阻的串联来等效代替,此电压源的电动势 U_S 等于这个有源二端网络的开路电压 U_{oc},其等效内阻 R_0 等于该网络中所有独立源均置零(理想电压源视为短接,理想电流源视为开路)时的等效电阻。

诺顿定理指出:任何一个线性有源网络,总可以用一个电流源与一个电阻的并联组合来等效代替,此电流源的电流 I_S 等于这个有源二端网络的短路电流 I_{sc},其等效内阻 R_0 定义同戴维南定理。

$U_{oc}(U_S)$ 和 R_0 或者 $I_{sc}(I_S)$ 和 R_0 称为有源二端网络的等效参数。

2. 有源二端网络等效参数的测量方法

(1) 用开路电压、短路电流法测 R_0

在有源二端网络输出端开路时,用电压表直接测其输出端的开路电压 U_{oc},然后再将其输出端短路,用电流表测其短路电流 I_{sc},则等效内阻为:

$$R_0 = U_{oc}/I_{sc}$$

如果二端网络的内阻很小,不宜用此法。

（2）伏安法测 R_0

用电压表、电流表测出有源二端网络的外特性曲线，如图 6-1 所示。根据外特性曲线求出斜率 $\tan\varphi$，则内阻为

$$R_0 = \tan\varphi = \frac{\Delta U}{\Delta I} = \frac{U_{oc}}{I_{sc}}$$

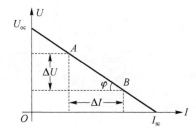

图 6-1　有源二端网络的外特性曲线

（3）半电压法测 R_0

如图 6-2 所示，当负载电压为被测网络开路电压的一半时，负载电阻（由电阻箱的读数确定）即为被测有源二端网络的等效内阻值。

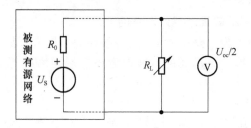

图 6-2　半电压法测 R_0

（4）零示法测 U_{oc}

如图 6-3 所示。零示法测量原理是用一个低内阻的稳压电源与被测有源二端网络进行比较，当稳压电源的输出电压与有源二端网络的开路电压相等时，电压表的读数将为"0"。然后将电路断开，测量此时稳压电源的输出电压，即为被测有源二端网络的开路电压。

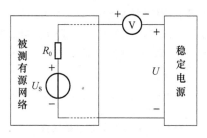

图 6-3　零示法测 U_{oc}

3．当满足 $R_L = R_0$ 时，负载从电源获得的最大功率为：$P_{max} = \dfrac{U_{oc}^2}{4R_0}$

四、实验内容及步骤

被测有源二端网络如图 6-4(a)所示。

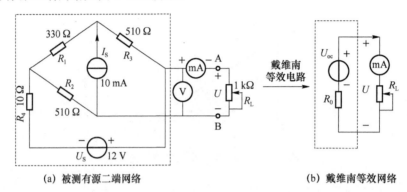

(a) 被测有源二端网络　　　　　　　(b) 戴维南等效网络

图 6-4　被测有源二端网络及其戴维南等效网络

1．戴维南等效参数测量

（1）用直接测量法测量戴维南等效电路的 R_0

将图 6-4(a)所示的实验电路中的 U_S 用导线短路，将万用表拨动到电阻挡，把表笔连接到二端网络的输出端。万用表的读数即为该二端网络的等效内阻，将该读数填入表 6-1 中。

（2）开路电压 U_{oc} 的测量

将万用表调节到直流 60 mA 挡，连接到实验箱上右上的可调恒流源，调节旋钮，观察万用表上读数，直到显示电流为 10 mA 为止。

将图 6-4(a)中 I_S 连接到已经调节好的恒流源，其中"$I_S +$"接恒流源"$I +$"插孔，"$I_S -$"恒流源"$I -$"插孔。

将图 6-4(a)中二端网络的 U_S 接实验箱中的 +12 V 电源，其中"$U_S +$"接"+12 V"插孔，"$U_S -$"接实验箱的"GND"插孔。

电路不接入 R_L。用万用表直流电压挡测量图 6-4(a)中二端网络的输出端，得到的电压就是该有源二端网络的用开路电压 U_{oc}，读出数据并填入表 6-1。

（3）用开路电压、短路电流法测定戴维南等效电路的 R_0

在测量开路电压的基础上，不改变实验电路的任何连接，将万用表调节到直流 60 mA 挡，把表笔连接到图 6-4(a)的输出端，得到的电流就是该有源二端网络的短路电流 I_{sc}，读出数据并填入表 6-1。

利用公式 $R_0 = U_{oc}/I_{sc}$，计算出该电路的戴维南等效电路的 R_0，记录数据并填入表 6-1。

表 6-1　戴维南等效参数测量表

U_{oc}/V	I_{sc}/mA	$R_0 = U_{oc}/I_{sc}(/\Omega)$	直接测量 R_0/Ω

2. 二端网络的负载实验

按图 6-4(a)接入 R_L。改变 R_L 阻值(实验箱中独立元件区的固定电阻),测量有源二端网络的外特性曲线。记录数据填入表 6-2。

表 6-2　有源二端网络的外特性

R_L	100 Ω	200 Ω	510 Ω	1 kΩ	2 kΩ
U/V					
I/mA					

3. 验证戴维南定理

(1)等效电压的调节

将可调直流稳压电源调节到表 6-1 中 U_{oc} 的值。要求直流稳压电源的最大电流值应调节为不小于表 6-1 中的 I_{sc} 的值,如 0.2 A。

(2)等效电阻的调节

将万用表调节到电阻挡,连接到实验箱中的 1 kΩ 可调电阻的滑动臂和固定端,调节可调电阻,观察万用表上读数,直到万用表上读数为表 6-1 中通过计算和直接测量的等效电阻的平均值为止。

(3)等效电路的连接

将已经调节好的直流稳压电源和可调电阻按图 6-4(b)所示进行连接。其中负载电阻按表 6-3 中的数据,选择与有源二端网络相同的电阻。

(4)等效电路的外特性测量

使用万用表的直流电压挡和直流电流挡,分别测量等效电路的电流和负载电阻上的电压,记录数据并填入表 6-3。

表 6-3　等效电路的外特性

R_L	100 Ω	200 Ω	510 Ω	1 kΩ	2 kΩ
U/V					
I/mA					

(5)对戴维南定理进行验证

对比表 6-2 和表 6-3 中的数据,如果相同的负载上的电压和电流值均保持较小的误差,说明戴维南定理是成立的。

如果在实验过程中,发现这两个表格中的数据有较大的误差,说明实验过程中有误操作。最典型的情况是在实验过程中,等效内阻的可调电阻的阻值发生了改变。

4. 最大传输功率定理的验证

(1)将直流稳压电源设置为 12 V、0.2 A,作为模拟的电动势。

(2)在独立元件区,选择固定电阻 1 kΩ 为模拟电源的内阻。

(3)使用实验箱中的 5 kΩ 可调电阻作为实验电路负载。

（4）将稳压电源、1 kΩ 电阻和 5 kΩ 可调电阻，按图 6-5 接线。

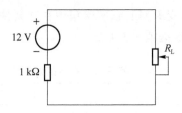

图 6-5　负载获得最大功率电路图

（5）将可调节电阻从电路中断开，调节为表 6-4 所列负载阻值，再将可调电阻接入电路，用万用表测量负载电阻两端的电压，读数并填入表 6-4 对应阻值下。

（6）不断重复步骤（5）中的操作，直到将表 6-4 中所有数据都测量完成。

表 6-4　负载获得最大功率测试数据

R_{L}	100 Ω	300 Ω	500	700 Ω	1 kΩ	2 kΩ	3 kΩ	4 kΩ
U								
P								

（7）通过公式 $P=U^2/R_{\mathrm{L}}$，计算出负载上的功率，并填入表 6-4 中。找到最大功率时负载的值，判断 R_{L} 是否在等于内阻时得到最大功率。如果不是，需要重新测量电路的模拟内阻，以及重新调节负载和测量负载电压。

实验注意事项：

1）电压源置零时不可将稳压源短路；电流源置零时不可将恒流源短路。

2）用万用表直接测 R_0 时，网络内的独立源必须先置零，以免损坏万用表。

3）用零示法测 U_{oc} 时，应先将稳压电源的输出调至接近于 U_{oc}，再按图 6-3 测量。

4）改接线路时，要关掉电源。

五、思考题

1. 在求戴维南等效电路时，做短路度实验，测 I_{sc} 的条件是什么？在本实验中可否直接做负载短路实验？请实验前对线路 6-4（a）预先作好计算，以便调整实验线路及测量时可准确地选取电表的量程。

2. 说明测有源二端网络开路电压及等效内阻的几种方法，并比较优缺点。

实验七　常用仪器仪表的使用

一、实验目的

1. 熟悉示波器面板旋钮、开关的作用。
2. 掌握用示波器观察、测量波形的基本方法。
3. 掌握直流稳压电源、交流数字毫伏表、函数信号发生器的使用方法。

二、实验器材

1. 双通道示波器 SDS1102CML 一台。
2. 函数信号发生器 SDG1025 一台。
3. 交流数字毫伏表 TH1912A 一台。
4. 直流稳压电源 SPD3303D 一台。
5. 万用表一只(学生自带)。

三、实验原理

1. 示波器

示波器是电子设备检测中不可缺少的测试设备,用示波器可以直接观察电路中各点波形,并且能对信号进行测量。示波器的前面板如图 7-1 所示。

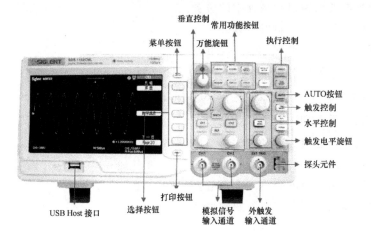

图 7-1　SDS1000CML 前面板

（1）示波器的用户显示界面

SDS1000CML 型示波器的界面显示如图 7-2 所示。

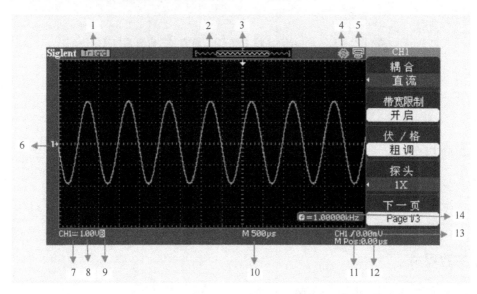

图 7-2　SDS1000CML 界面显示区

① 触发状态。

Armed：已配备。示波器正在采集预触发数据。在此状态下忽略所有触发。

Ready：准备就绪。示波器已采集所有预触发数据并准备接受触发。

Trig'd：已触发。示波器已发现一个触发并正在采集触发后的数据。

Stop：在正常测量时，按下"STOP"按钮，示波器已停止采集波形数据。在单次脉冲测量时，表示示波器已完成一个"单次序列"采集。

Auto：自动。示波器处于自动模式并在无触发状态下采集波形。

Scan：扫描。在扫描模式下示波器连续采集并显示波形。

② 显示当前波形窗口在内存中的位置。

③ 使用标记显示水平触发位置。

④ 🅿 表示"打印按钮"选项为"打印图像"。

　　🅢 表示"打印按钮"选项为"储存图像"。

⑤ 🖥 表示"后 USB 口"设置为"USBTMC"。

　　🅢 表示"后 USB 口"设置为"打印机"。

⑥ 显示波形的通道标志。

⑦ 信号耦合标志。

⑧ 以读数显示通道的垂直刻度系数。

⑨ B 图标表示通道是带宽限制的。

⑩ 以读数显示主时基设置。

⑪ 显示主时基波形的水平位置。

⑫ 采用图标显示选定的触发类型。

⑬ 触发电平线位置。

⑭ 以读数显示当前信号频率。

（2）示波器的自检

① 按下"DEFAULT SETUP"按钮。探头选项默认的衰减设置为 1×。

② 将示波器探头上的开关设定到 1×，并将探头与示波器的通道 1 连接。将探头连接器上的插槽对准 CH1 同轴电缆插接件（BNC）上的凸键，按下去即可连接，然后向右旋转以拧紧探头。将探头端部和基准导线连接到"探头元件"连接器上，如图 7-3 所示。

③ 按下"AUTO"按钮。屏幕会显示频率为 1 kHz 电压约为 3 V 峰-峰值的方波。

（3）探头补偿

当进行自检时，探头的补偿可以通过所显示波形的形状确认，如图 7-4 所示。

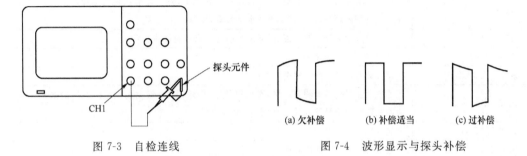

图 7-3　自检连线　　　　　　　　　　图 7-4　波形显示与探头补偿

（4）菜单和控制按钮

SDS1000L 整个操作区域如图 7-5 所示，功能说明见表 7-1。

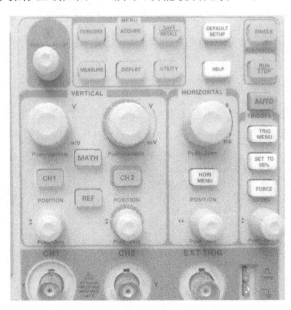

图 7-5　菜单和控制按钮实物图

表 7-1　菜单和控制按钮的功能说明

菜单和控制按钮	功能说明
CURSORS	显示"光标"菜单。当显示"光标"菜单且无光标激活时,"万能旋钮"可以调整光标的位置。离开"光标"菜单后,光标保持显示(除非"类型"选项设置为"关闭"))但不可调整
ACQUIRE	显示"采样"菜单
SAVE/RECALL	显示设置和波形的"存储/调出"菜单
MEASURE	显示"自动测量"菜单
DISPLAY	显示"显示"菜单
UTILITY	显示"辅助系统"功能菜单
DEFAULT SETUP	调出厂家设置
HELP	进入在线帮助系统
SINGLE	采集单个波形,然后停止
RUN/STOP	连续采集波形或停止采集。注意:在停止状态下,对于波形垂直挡位和水平时基可以在一定范围内调整,即对信号进行水平或垂直方向上的扩展
AUTO	自动设置示波器控制状态,以显示当前输入信号的最佳效果
TRIG MENU	显示"触发"控制菜单
SET TO 50%	设置触发电平为信号幅度的中点
FORCE	无论示波器是否检测到触发,都可以使用"FORCE"按钮完成对当前波形的采集。该功能主要应用于触发方式中的"正常"和"单次"
HORI MENU	显示"水平"菜单
MATH	显示"数学计算"功能菜单
CH1、CH2	显示通道 1、通道 2 的设置菜单
REF	显示"参考波形"菜单

（5）连接器

在图 7-5 最下方,CH1、CH2 是用于显示波形的两个通道的输入连接器。EXT TRIG 是外部触发源的输入连接器。

2. 交流数字毫伏表

毫伏表主要用来测量正弦交流电的有效值,它具有输入阻抗高、稳定性高、灵敏度高等特点。TH1912A 型毫伏表如图 7-6 所示。其中 CH1、CH2 是被测量信号的输入端。

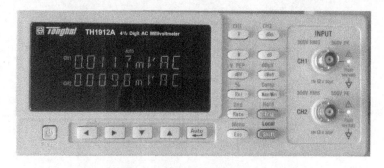

图 7-6　TH1912A 型毫伏表

3. 函数信号发生器

函数信号发生器主要用来产生频率、幅度都可调的正弦波、方波等信号。图 7-7 是 SDG1025 型函数信号发生器的界面说明。

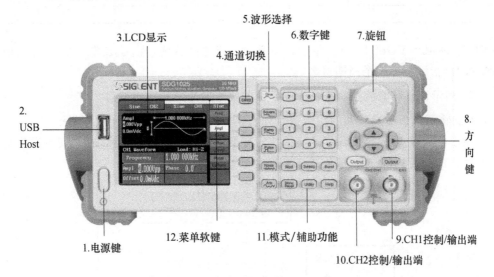

图 7-7　SDG1025 型函数信号发生器

4. 直流稳压电源

直流稳压电源的作用是输出稳定的直流电压，SPD3303D 是一种能输出两路连续可调、一路固定输出的直流稳压电源，具有稳压和限流的功能。

四、实验步骤及内容

1. 示波器测量自带的"校准信号"

SDS1102CML 示波器自带的校准信号是 3V 的 1 kHz 的方波信号。通过测量示波器的"校准信号"的周期 T（频率 f）和幅度 U（峰-峰值），可以确定示波器和示波器的探头线是否完好。

（1）打开示波器电源开关。

（2）将示波器的探头线接在 CH1 或 CH2 输入端，同时将探头线的信号输入端连接到示波器面板上的测试信号输出端。要求将探头线的探针和接地夹子分别连接到"校准信号"的信号输出和接地接线柱。

（3）按下示波器面板上的"AUTO"按钮，示波器自动调节测量的通道、幅度和时间的挡位。

（4）通过示波器的显示屏幕，读出对应的挡位和显示格数，计算出"校准信号"的周期 T（频率 f）和峰-峰值 U_{PP}，并将相关数据填入表 7-2。

表 7-2   测量"校准信号"数据

测试电压值			测试周期（频率）值			
VOLTS/DIV 指示值	垂直方向格数	峰-峰值	SEC/DIV 指示值	一个周期格数	周期	频率

其中,峰-峰值＝VOLTS/DIV 指示值×垂直方向格数（注:探头衰减为 1∶1）,周期＝SEC/DIV 指示值×一个周期格数。

2. 用示波器和交流数字毫伏表测量函数信号发生器的输出信号

（1）将函数信号发生器的输出信号分别连接到示波器和交流数字毫伏表。

使用信号探头线,按照图 7-8 将函数信号发生器的输出信号与示波器、交流数字毫伏表连接。在连接时,将探头线的探头和接地线分别连接在一起。

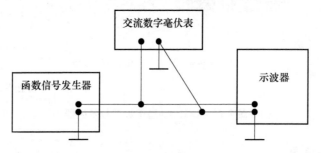

图 7-8   测量连线图

（2）测量函数发生器输出信号的周期、电压的峰-峰值和有效值。

将所有仪器的电源打开,并将交流数字毫伏表测量方式选"AUTO"。

按表 7-2 中的内容,调节函数信号发生器,设置信号的输出通道、输出波形、输出频率和输出幅度,实现信号输出。

调节示波器的相关旋钮,并完成表 7-3 中的相关数据,同时将交流数字毫伏表读数值填入表 7-3。注意:用示波器测量信号时,用示波器的测量挡位和屏幕格数计算出信号的电压幅度和周期。

表 7-3   测量函数信号发生器输出信号

函数信号发生器输出	交流数字毫伏表读数（有效值）	示波器测量值						
		测量电压值				测量周期值		
		VOLTS/DIV 指示值	垂直方向格数	峰-峰值	换算后电压有效值	SEC/DIV 指示值	周期信号格数	周期
正弦波 $f＝1$ kHz, 幅度 $0.1V_{rms}$								
正弦波 $f＝10$ kHz, 幅度 $0.2V_{PP}$								
方波 $f＝1$ kHz,幅度 $5V_{PP}$								

3. 直流稳压电源的使用

（1）双路可调电源独立使用

将可调电源的 CH1 设置为 0.5 V、0.2 A，CH2 设置为 1 V、0.1 A，用万用表的电压挡和电流挡分别直接测量每一组输出值，填入表 7-4 中。

表 7-4　双路可调电源独立使用时数据

输出通道	电压测试		电流测试	
	万用表读数	稳压源显示	万用表读数	稳压源显示
CH1				
CH2				

（2）双路可调电源串联使用

为了输出较高电压，需要将 CH1 和 CH2 串联输出。设置直流稳压电源的输出电流为 0.01 A 后，不断调节稳压电源输出电压，用万用表电压挡测量稳压电源的输出电压。该可调电源的最大输出电压为_____。

（3）双路可调电源并联使用

为了输出较大的电流，可以将 CH1 和 CH2 并联输出。设置直流稳压电源的输出电压为 0.01 V 后，不断调节稳压电源输出电流，同时用万用表电流挡测量稳压电源的输出电流值。该直流稳压电源的最大输出电流为_____。

五、思考题

1. 使用示波器时，波形的水平格数和垂直格数分别代表什么含义？

2. 直流稳压电源 SPD3303D 在独立使用、串联使用、并联使用时，当调整主路输出电压时，从路输出电压如何改变？

实验八　RLC 串联谐振研究

一、实验目的

1. 了解串联谐振电路的特性。
2. 掌握串联谐振的调谐方法。
3. 测试 RLC 谐振电路的 BW。

二、实验器材

1. 电路分析实验箱 DICE-DGA。
2. 数字式万用表。
3. 示波器。

三、实验原理

RLC 元件串联在正弦交流电路中，当 $X_L = X_C$ 时，总阻抗 Z 等于电路中电阻的阻值，电路中电流与电压同相位，电路处于谐振状态，$f_0 = \dfrac{1}{2\pi\sqrt{LC}}$。

由于在谐振时 $Z = R$，阻抗最小，所以电流出现最大值 $I_{\max}$；电阻两端电压也出现最大值 $U_{\max}$，$U_{\max} = U$；$U_L = U_C = QU$，它们的最大值的出现点与 Q 有很大关系，$Q > 10$ 时，$U_{C\max}$ 和 $U_{L\max}$ 重合在谐振频率点上，即 $f_{C\max} = f_{L\max} = f_0$。

串联谐振电路的通频带，即谐振曲线上对应 0.707 倍电流最大值之间的频率范围。在测量时，根据谐振频率，及失谐时 0.707 倍的 $U_{R\max}$，找出上、下截止频率 f_H、f_L，可求得通频带 $f_H - f_L = $ BW。

四、实验内容及步骤

串联谐振电路如图 8-1 所示（实验箱中，L 约为 200 mH，C 可选 2 200 pF 或 6 800 pF，R 可选 510 Ω 或 2.2 kΩ）。

1. 根据 LC 的数值计算谐振频率 f_0，然后将信号发生器的输出电压调到 3 V（此电压值可以根据具体情况设定），频率调整为 f_0。

2. 将交流毫伏表接到电阻两端，测量电阻两端的电压 U_R。保持信号发生器的输出电压不变，仔细调节频率，使电阻两端的电压 U_R 最大，电路便处于谐振状态，此时的频率即为电路的实际谐振频率，同时测量 U_L、U_C，将测量数据填入表 8-1 中。

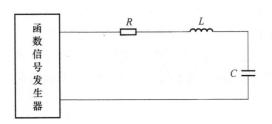

图 8-1 串联谐振电路

表 8-1 串联谐振电路测试数据

R	C/pF	f_0/kHz	U_{R0}/V	U_{L0}/V	U_{C0}/V	I_0/mA	Q
510 Ω	2 200						
2.2 kΩ	2 200						
510 Ω	6 800						
2.2 kΩ	6 800						

3. 按表 8-2 调整电路参数。在保持信号发生器输出电压和电路元件不变的情况下，输出频率以 f_0 为中心升高和降低，要求在 f_0 附近选点要密，离 f_0 较远处选点较疏，分别测量 U_R 和 I，并将测量数据填入表 8-2 中。

表 8-2 串联谐振电路频率特性测试数据 1

f/kHz						
U_R/V						
I/mA						

U_S=1 V_{rms}，R=2.2 kΩ，C=6 800 pF

4. 根据测量结果找出上、下截止频率 f_1 和 f_2，计算出通频带。

5. 改变 R 和 C 的数值，重复测量。观察电路元件参数的改变，对电路谐振频率和通频带的影响，将有关数据填入表 8-3 中。

表 8-3 串联谐振电路频率特性测试数据 2

f/kHz						
U_R/V						
I/mA						

U_S=1 V_{rms}，R=2.2 kΩ，C=6 800 pF

五、思考题

1. 改变哪些参数可以使电路发生谐振，电路中 R 的数值是否影响谐振频率值？

2. 电路发生串联谐振时,为什么输入电压不能太大,如果信号源给出 3 V 的电压,电路谐振时,用交流毫伏表测 U_{L0} 和 U_{C0},应该选择用多大的量限?

3. 要提高 R、L、C 串联电路的品质因数,电路参数应如何改变?

4. 谐振时,对应的 U_{L0} 与 U_{C0} 是否相等? 如有差异,原因何在?

实验九　*RC* 一阶电路的充放电测试

一、实验目的

1. 测定 *RC* 一阶电路的零输入响应、零状态响应及全响应。
2. 学习动态电路时间常数的测量方法。
3. 掌握有关微分电路和积分电路的概念。

二、实验器材

1. 电路分析实验箱 DICE-DGA。
2. 数字式万用表。
3. 示波器。
4. 导线若干。

三、实验原理

1. 动态网络的过渡过程是十分短暂的单次变化过程。要用普通示波器观察过渡过程和测量有关的参数,就必须使这种单次变化的过程重复出现。为此,我们利用函数信号发生器输出的方波来模拟阶跃激励信号:利用方波输出的上升沿作为零状态响应的正阶跃激励信号;利用方波输出的下降沿作为零输入响应的负阶跃激励信号。只要选择方波的重复周期远大于电路的时间常数 τ,那么电路在这样的方波序列脉冲信号的激励下,它的响应就和直流电流接通与断开的过渡过程是基本相同的。

2. 图 9-1(b)所示的 *RC* 一阶电路的零输入响应和零状态响应分别按指数规律衰减和增长,其变化的快慢决定于电路的时间常数 τ。

3. 时间常数 τ 的测定方法。

用示波器测量零输入响应的波形如图 9-1(a)所示。

根据一阶微分方程的求解得知 $u_C = U_m e^{-t/RC} = U_m e^{-t/\tau}$。当 $t = \tau$ 时,$U_C(\tau) = 0.368U_m$。此时所对应的时间就等于 τ。也可用零状态响应波形增加到 $0.632U_m$ 所对应的时间测得,如图 9-1(c)所示。

4. 微分电路和积分电路是 *RC* 一阶电路中较典型的电路,它对电路元件参数和输入信号的周期有着特定的要求。

一个简单的 *RC* 串联电路,在方波序列脉冲的重复激励下,当满足 $\tau = RC \ll T$ 时,(*T* 为方波脉冲的重复周期),且由 *R* 端作为响应输出,这就成为一个微分电路,因为此时电路的输出信号电压与输入信号电压的微分成正比,如图 9-2(a)所示。

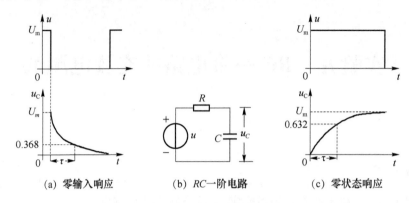

| (a) 零输入响应 | (b) RC 一阶电路 | (c) 零状态响应 |

图 9-1　一阶电路研究图

若将图 9-2(a)中的 R 与 C 位置调换一下,即由 C 端作为响应输出,且电路参数的选择满足 $\tau=RC\gg T$ 条件时,如图 9-2(b)所示即称为积分电路,因为此时电路的输出信号电压与输入信号电压的积分成正比。

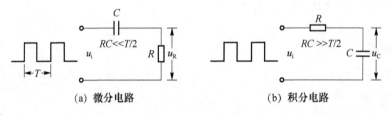

| (a) 微分电路 | (b) 积分电路 |

图 9-2　微积分电路图

从输出波形看,上述两个电路均起着波形变换的作用,请在实验过程中仔细观察与记录。

四、实验内容及步骤

1. 微分电路的观测

(1) 选择电路板上的 R、C 元件,令 $R=10\ \mathrm{k\Omega}$,$C=6\ 800\ \mathrm{pF}$。

组成如图 9-2(a)所示的微分电路,U_i 为函数信号发生器,输出 $U_{PP}=3\ \mathrm{V}$,$f=1\ \mathrm{kHz}$ 的方波电压信号,并通过两根同轴电缆线,将激励源 U_i 和响应 U_R 的信号分别连至示波器的两个输入口 YA 和 YB,这时可在示波器的屏幕上观察到激励与响应的变化规律,求测时间常数 τ,并用方格纸按 1∶1 的比例描绘波形。

(2) 令 $R=10\ \mathrm{k\Omega}$,$C=0.1\ \mu\mathrm{F}$,观察并描绘激励与响应的波形。

(3) 令 $C=0.01\ \mu\mathrm{F}$,$R=100\ \Omega$,观测并描绘激励与响应的波形。

2. 积分电路的观测

(1) 令 $R=10\ \mathrm{k\Omega}$,$C=6\ 800\ \mathrm{pF}$。

组成如图 9-2(b)所示的积分电路,U_i 为函数信号发生器,输出 $U_{PP}=3\ \mathrm{V}$,$f=1\ \mathrm{kHz}$

的方波电压信号,并通过两根同轴电缆线,将激励源 U_i 和响应 U_C 的信号分别连至示波器的两个输入口 YA 和 YB,这时可在示波器的屏幕上观察到激励与响应的变化规律,用方格纸按 1∶1 的比例描绘波形。

(2) 令 $R=10$ kΩ,$C=0.1$ μF,观察并描绘激励与响应的波形。

(3) 令 $C=0.01$ μF,$R=100$ Ω,观测并描绘激励与响应的波形。

实验注意事项:

1) 调节电子仪器各旋钮时,动作不要过猛。实验前,尚需熟读双踪示波器的使用说明,特别是观察双踪示波器时,要特别注意哪些开关、旋钮的操作与调节。

2) 信号源的接地端与示波器的接地端要连在一起(称为共地),以防外界干扰而影响测量的标准性。

3) 示波器的亮度不应过亮,尤其是光点长期停留在荧光屏上不动时,应将亮度调小,以延长示波管的使用寿命。

五、思考题

1. 什么样的电信号可作为 RC 一阶电路零输入响应、零状态响应和全响应的激励信号?

2. 已知 RC 一阶电路 $R=10$ kΩ,$C=0.1$ μF,试计算时间常数 τ。

3. 何谓积分电路和微分电路,它们必须具备什么条件? 它们在方波序列脉冲的激励下,其输出信号波形的变化规律如何? 这两种电路有什么作用?

实验十 RC 选频网络特性测试

一、实验目的

1. 熟悉文氏电桥电路的结构特点及其应用。
2. 学会用交流毫伏表和示波器测定文氏电桥电路的幅频特性和相频特性。

二、实验器材

1. 低频信号发生器。
2. 交流毫伏表。
3. 示波器。
4. RC 选频实验板。

三、实验原理

文氏电桥电路是一个 RC 的串、并联电路,如图 10-1 所示,该电路结构简单,被广泛地应用于低频振荡电路中作为选频环节,可以获得很高纯度的正弦波电压。

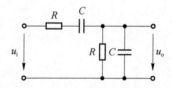

图 10-1 RC 的串、并联电路

1. 用信号发生器的正弦输出信号作为图 10-1 的激励信号 u_i,并保持 u_i 值不变的情况下,改变输入信号的频率 f,用交流毫伏表或示波器测出输出端相应于各个频率点下的输出电压 u_o 值,将这些数据画在以频率 f 横轴、u_o 为纵轴的坐标纸上,用一条光滑的曲线连接这些点,该曲线就是上述电路的幅频特性曲线。

文氏电桥电路的一个特点是其输出电压幅度不仅会随输入信号的频率而变,而且还会出现一个与输入电压同相位的最大值,如图 10-2 所示。

由电路分析可知,该网络的传递函数为

$$\beta = \frac{1}{3 + j\left(\omega RC - \frac{1}{\omega RC}\right)}$$

当角频率 $\omega=\omega_0=1/RC$ 时,则 $|\beta|=u_o/u_i=1/3$,此时 u_o 与 u_i 同相。由图 10-2 可知 RC 串并联电路具有带通特性。

2. 将上述电路的输入和输出分别接到双踪示波器的 YA 和 YB 两个输入端,改变输入正弦信号的频率,观测相应的输入和输出波形间的时延 τ 及信号的周期 T,则两波形间的相位差为

$$\varphi=\frac{\tau}{T}\times 360°=\varphi_o-\varphi_i(输出相位与输入相位之差)$$

将各个不同频率下的相位差 φ 画在以 f 为横轴,φ 为纵轴的坐标纸上,用光滑的曲线将这些点连接起来,即是被测电路的相频特性曲线,如图 10-3 所示。

由电路分析理论得知,当 $\omega=\omega_0=1/RC$ 时,即 $f=f_0=1/2\pi RC$ 时,$\varphi=0$,即 u_o 与 u_i 同相位。

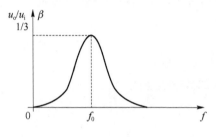

图 10-2 放大倍数的频率特性曲线

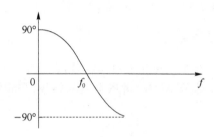

图 10-3 相位的频率特性曲线

四、实验内容及步骤

1. 测量 RC 串、并联电路的幅频特性。

(1) 在实验板上按图 10-1 电路选 $R=200\ \Omega$,$C=2\ \mu F$。

(2) 调节低频信号源的输出电压为 3 V 的正弦波,接入图 10-1 的输入端。

(3) 改变信号源频率 f,并保持 $u_i=3$ V 时不变,测量输出电压 u_o(可先测量 $\beta=1/3$ 时的频率 f_0,然后再在 f_0 左右设置其他频率点,测量 u_o)。

(4) 另选一组参数(如令 $R=2\ k\Omega$,$C=0.22\ \mu F$),重复测量一组数据。

表 10-1 测定 RC 串、并联电路的幅频特性

f/Hz										
u_o/V										
$R=1\ k\Omega$,$C=0.1\ \mu F$										
u_o/V										
$R=200\ \Omega$,$C=2\ \mu F$										

2. 测定 RC 串、并联电路的相频特性。

表 10-2　测定 RC 串、并联电路的相频特性

f/Hz									
T/ms									
τ/ms									
φ									
$R=1\ \text{k}\Omega, C=0.1\ \mu\text{F}$									
τ/ms									
φ									
$R=200\ \Omega, C=2\ \mu\text{F}$									

按实验原理中说明 2 的内容、方法步骤进行,选定两组电路参数进行测量。

五、思考题

1. 根据电路参数,估算电路在两组参数时的特定频率。
2. 推导 RC 串、并联电路的幅频、相频特性的数学表达式。

第二篇

模拟电子技术实验

实验十一　电路基本元器件认识和检测

一、实验目的

1. 了解电路常用元器件名称、用途和规格型号。
2. 掌握用万用表检测电容，测试电阻和晶体管的方法。
3. 熟悉用数字式万用表测试电容容量、晶体管电流放大系数(β)的方法。

二、实验器材

1. 数字式万用表。
2. 各类常用元器件。

三、实验原理

本次实验的主要内容是识别色环电阻、贴片电阻及各类电容器等基本元器件的名称、规格、型号，并用万用表测量所辨识元件的参数。本实验所有元件识别与检测相关内容见附录 A。

电路基本元器件是集成电路、电阻、电容和晶体管。电子线路都会用到电阻和电容，电阻一般都使用色环电阻或贴片电阻，色环电阻采用四色环、五色环确定阻值，贴片电阻采用数字标识法确定电阻值。

电容器容量采用直标、非直标(字母、数值、数码表示)确定容量，贴片电容采用文字符号标识确定容量。电解电容需要注意引脚极性。

二极管、三极管极性以及引脚的确定均利用晶体管 PN 结的正、反向电阻确定。

四、实验内容和步骤

1. 电阻的识读与测量

识读电阻的标识值(如色环电阻的色环)，将标识值转换为电阻的标称阻值和标称误差，并用万用表测量电阻的实际阻值，判断电阻是否损坏，填入表 11-1。

2. 电容的识读与测量

将所给电容器按有无极性分类，写出电容器介质类型，将电容器标识内容记下，按标识内容写出容量、标称误差、耐压值，并用万用表测量电容的实际容量，填入表 11-2。

表 11-1 电阻的识别与检测

电阻类型	标识值	标称阻值	标称误差	实测值	好坏
四色环					
五色环					
直标电阻					

表 11-2 电容的识别与检测

电容类型	标识值	标称容量	标识误差	耐压值	实测容量	好坏
无极性						
有极性						

3. 二极管的识读与测量

分别找到表 11-3 中的各二极管,用万用表测试正、反向读数,判断二极管极性、材料和好坏,填入表 11-3。

表 11-3 二极管的识别与检测

管 型	标称型号	极性标识	正向读数	反向读数	材 料	好坏
普通二极管						
LED						

4. 晶体三极管的识读与测量

分别对塑料封装和金属封装的三极管,按其封装判断其引脚。用数字万用表的二极管挡测量三极管的脚间电压(或用指针式万用表测量三极管的脚间电阻),判断晶体管材料及其好坏。如果晶体管是好的,再用万用表测量三极管的 HFE,填入表 11-4。

表 11-4 三极管的识别与检测

管型	标称型号	b-e		b-c		e-c		HFE	好坏
		正向	反向	正向	反向	正向	反向		
锗									

管型	标称型号	b-e		b-c		e-c		HFE	好坏
		正向	反向	正向	反向	正向	反向		
硅 NPN									
硅 PNP									

五、思考题

1. 用万用表电阻挡测量电阻时,有哪些需要注意的内容?

2. 如果用电阻挡测量电容时,有一个固定的阻值,说明了什么?

3. 如何用万用表判断二极管、三极管的 PN 结方向及其好坏。

4. 测试三极管 e、b、c 引脚时,确定 e、c 引脚有哪几种方法? 并说明操作步骤。

实验十二　整流滤波与并联稳压电路

一、实验目的

1. 熟悉单相半波、桥式整流电路。
2. 观察了解电容滤波作用。
3. 了解并联稳压电路。

二、实验器材

1. 双通道示波器一台。
2. 万用表一只(学生自带)。
3. DICE 系列实验仪一套。

三、实验原理

整流电路是将交流信号转换为直流脉动信号。滤波电路是将脉动的直流信号中的交流信号平滑,使输出的直流电压中的脉动幅度减小。稳压电路将脉动直流信号的脉动部分信号去除,只输出直流电压。

四、实验内容和步骤

1. 半波整流、桥式整流电路实验电路

分别如图 12-1 、图 12-2 所示。分别连接二种电路,用示波器观察 U_Z 及 U_L 的波形。并测量 U_Z、U_D、U_L 的电压。

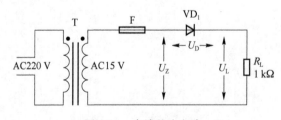

图 12-1　半波整流电路

2. 电容滤波电路

实验电路如图 12-3 所示,分别用不同电容接入电路,R_L 先不接,用示波器观察波形,

用电压表测 U_L 并记录。接上不同 R_L，测量波形和输出电压并记录。

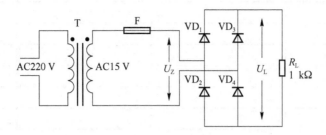

图 12-2　桥式整流电路

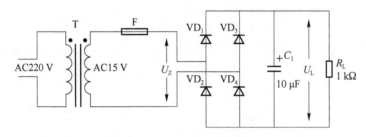

图 12-3　整流滤波电路

3. 并联稳压电路

实验电路如图 12-4 所示。其中 U_i 使用直流稳压电源提供。

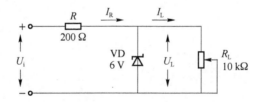

图 12-4　并联稳压电路

（1）电源输入 U_i 为 10 V，改变负载电阻 R_L 使负载电流 $I_L=1$ mA，5 mA，10 mA，分别测量 I_R、U_L、U_R、R_L，计算输出电阻，填入表 12-1。

表 12-1　并联稳压电路负载调整测试数据

I_L/mA	I_R/mA	U_L/A	U_R/V	R_L/Ω

（2）负载 R_L 为 1 kΩ 的固定电阻，改变输入电源电压，测量并填入表 12-2。

表 12-2　并联稳压电路电源调整测试数据

U_i/V	U_L/V	I_R/mA	I_L/mA
8			
9			
10			
11			
12			

五、思考题

1. 整理实验数据并按实验内容计算。

2. 如图 12-4 所示电路能输出电流最大为多少？为获得更大电流应如何选用电路器件及参数？

实验十三　三极管单管共射极放大器

一、实验目的

1. 熟悉电子元件器件和模拟电路实验箱。
2. 熟悉静态工作点和最大不失真输出电压的调测方法,掌握单管共射放大电路。
3. 掌握集电极电阻 R_C、负载电阻 R_L 对电压放大倍数 A_V 的影响。
4. 测量放大电路的输入电阻、输出电阻。

二、实验器材

1. 双通道示波器 SDS1102CML 一台。
2. 函数信号发生器 SDG1025 一台。
3. 交流数字毫伏表 TH1912A 一台。
4. 万用表一只(学生自带)。
5. DICE 系列实验仪一套。

三、实验原理

1. 通过偏置电路确定三极管的静态工作点,保证三极管工作在放大状态。可以通过测量三极管的三个电极的电压来测量静态工作点,也可以通过测量三极管的工作电流来测量三极管的静态工作点。

2. 通过测量放大电路的输入输出电压的幅度和电流值,计算放大电路的电压放大倍数 A_V、输入电阻 R_i 和输出电阻 R_o。其中电压放大倍数是输出信号的幅度与输入信号的幅度的比值。

四、实验内容和步骤

1. 三极管 β 值的测定

(1) 用数字万用表判断实验箱上三极管的好坏。

(2) 按图 13-1 所示,连接电路(注意:接线前先测量 +12 V 电源,记录下电压值,然后关断电源再连线),将 R_{p1} 的阻值调到最大(用万用表 2 MΩ 档来判断 R_p 在什么位置阻值最大)。

(3) 接线完毕仔细检查,确定无误后接通电源。改变 R_{p1},按表 13-1 中 I_C 值测出对应

的 $I_B(\mu A)$ 值,然后计算三极管 VT_1 的 β 值(注意电流的单位)。

表 13-1　三极管直流放大倍数测量表

I_C/mA	0.5	1.0	1.5
$I_B/\mu A$			
计算 β			

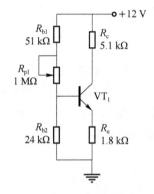

图 13-1　三极管静态测试电路

2. 静态调整

在图 13-1 的基础上,调整 R_{p1} 使 $U_E = 1.5$ V,测量计算并填入表 13-2。

其中:$I_C = I_E = U_E/R_e$,$I_B = I_C/\beta$。

表 13-2　静态工作点测量表

实测值		计算值	
U_{BE}/V	U_{CE}/V	I_C/mA	$I_B/\mu A$

3. 动态研究

(1) 在图 13-1 的基础上,增加元件并按图 13-2 接线。其中,函数信号发生器连接在电路的输入端,为电路提供信号;示波器 CH1 连接到 R_1 与 R_2 之间,电路的放大倍数是以该点为信号的输入点,测量电路的输入电压 U_i;示波器 CH2 连接到电路的输出端,测量电路的输出电压 U_o。

(2) 设置函数信号发生器输出幅度为 500 mV_{pp} 频率 1 kHz 的正弦信号,不断调节函数信号发生器的信号输出幅度,使示波器上测量到的信号 $U_i = 5$ mV_{pp}。

调节 R_{p1} 使 U_o 端的波形达到最大且不失真时,然后记录 U_i 和 U_o 波形,并比较相位。

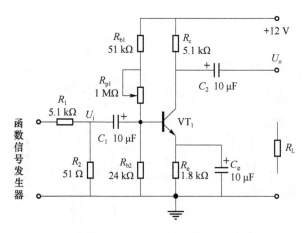

图 13-2　三极管动态测试电路

（3）保持函数信号发生器输出频率不变，逐渐加大信号输出幅度，观察 U_o 不失真时的最大值，并填入表 13-3。

表 13-3　测试条件：$R_L = \infty$

U_i / mV_{pp}	U_o / V_{pp}	A_V

（4）保持 $U_i = 5\,mV_{pp}$ 不变，放大器接入负载 R_L，按表 13-4 给定值进行测量，并填入表 13-4。

表 13-4　不同负载时对放大倍数影响

$R_c / k\Omega$	$R_L / k\Omega$	U_i / mV_{pp}	U_o / V_{pp}	A_V
2	5.1			
2	2.2			
5.1	5.1			
5.1	2.2			

4. 测放大器输入、输出电阻

（1）输入电阻 R_i 测量

在图 13-2 的基础上，在衰减器与输入端之间接入一个 1 kΩ 电阻，如图 13-3 所示。

接入输入信号，U_s 接示波器 CH1 通道，U_i 接示波器 CH2 通道，然后调节信号发生器幅度调节旋钮，使 U_s 幅值为 20 mV，同时通过 CH2 测出 U_i 幅值，$R_i = \dfrac{U_i}{U_s - U_i} R_3$。

（2）输出电阻 R_o 测量

如图 13-3 所示，U_i 接示波器 CH1 通道，U_o 接示波器 CH2 通道，然后调节信号发生器幅度旋钮，使 U_i 幅值为 10 mV，同时通过 CH2 测出空载时的 U_o 幅值，然后在输出端接

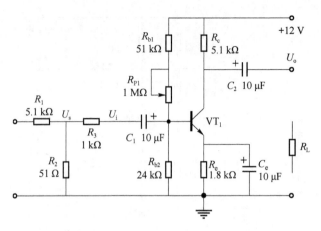

图 13-3 三极管放大器输入输出阻抗测试电路

入 10 kΩ 可调电阻作为负载 R_L,调节合适的 R_L 值使放大器输出不失真,测量此时的 U_L,将上述测量填入表 13-5 中。其中:$R_o = \left(\dfrac{U_o}{U_L} - 1 \right) R_L$

表 13-5 输入输出阻抗的测量

测量输入电阻 $R_s = R_3 = 1$ kΩ			测量输出电阻		
U_S/mV	U_i/mV	R_i	$U_o(R_L = \infty \Omega)$	$U_L(R_L = 10$ kΩ$)$	R_o/kΩ

五、思考题

1. 列表整理测量结果,并把实测的静态工作点、电压放大倍数、输入电阻、输出电阻值与理论计算值比较(取一组数据进行比较),分析产生误差的原因。

2. 分析 R_L、R_c 对电压放大倍数的影响。

3. 讨论静态工作点变化对放大器输出波形的影响。

实验十四　三极管两级放大电路

一、实验目的

1. 掌握如何合理设置静态工作点。
2. 学会放大器频率特性测试方法。
3. 了解放大器的失真及消除方法。

二、实验器材

1. 双通道示波器 SDS1102CML 一台。
2. 函数信号发生器 SDG1025 一台。
3. 交流数字毫伏表 TH1912A 一台。
4. 万用表一只(学生自带)。
5. DICE 系列实验仪一套。

三、实验原理

图 14-1 是 RC 耦合的两级交流放大电路。其中由 R_1、R_2 构成输入信号的分压电路，在 R_2 上为两级放大电路的输入信号 U_{i1}，通过 C_2 得到第一级放大电路的输出信号 U_{o1}，连接到第二级放大电路的输入端 U_{i2}，整个电路通过 C_3 输出信号 U_{o2}。

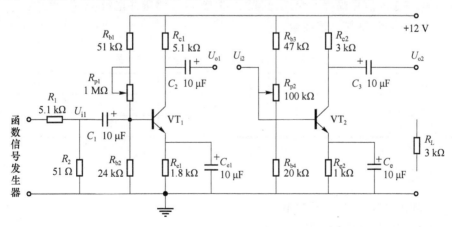

图 14-1　两级交流放大电路

四、实验内容和步骤

1. 设置静态工作点

（1）按图 14-1 连接电路。在检查无误的情况下，电路接通电源。

（2）静态工作点设置：要求第二级在输出波形不失真的前提下幅值尽量大，第一级为增加信噪比点尽可能低。可以通过测量三极管 ce 之间的电压来确定静态工作点是否合适，大约在电源电压的 1/2～3/5 为宜。

（3）函数信号发生器输出 1 kHz 幅度为 100 mV 的正弦交流信号。

注意：如发现有寄生振荡，可采用以下措施消除。

① 重新布线，尽可能使走线短。

② 可在三极管 eb 间加一个大小为几 pF 到几百 pF 的电容。

③ 信号源与放大器用屏蔽线连接。

2. 按表 14-1 要求测量并计算，注意测静态工作点时应断开输入信号。

表 14-1　两级放大电路性能测试表

测试点	静态工作点						输入/输出电压/(mV)			电压放大倍数		
	第一级			第二级						第一级	第二级	整体
	U_{c1}	U_{b1}	U_{e1}	U_{c2}	U_{b2}	U_{e2}	U_{i1}	U_{o1}	U_{o2}	A_{V1}	A_{V2}	A_V
$R_L = \infty\,\Omega$												
$R_L = 3\,k\Omega$												

3. 接入负载电阻 $R_L = 3\,k\Omega$，按表 14-1 测量并计算，比较实验内容 2、3 的结果。

4. 测试两级放大器的频率特性（用导线连接 U_{o1} 与 U_{i2}）

（1）将放大器负载断开，保持输入信号频率 1 kHz 不变，调节信号发生器幅值调节旋钮，使放大器输出幅度最大而不失真（同时可调节 R_{p1} 和 R_{p2} 可调电阻，来调节失真度）。

（2）保持输入信号幅度不变，改变频率，按表 14-2 测量并记录。

（3）接上负载、重复上述实验。

表 14-2　两级放大电路频率响应特性测试表

f/Hz		50	100	250	500	1 000	2 500	5 000	10 000	20 000
U_{o2}	$R_L = \infty\,\Omega$									
	$R_L = 3\,k\Omega$									

五、思考题

1. 整理实验数据，分析实验结果。

2. 画出实验电路的频率特性简图，标出 f_H 和 f_L。

3. 写出增加电路频带宽度的方法。

实验十五　负反馈放大电路

一、实验目的

1. 研究负反馈对放大器性能的影响。
2. 掌握反馈放大器性能的测试方法。

二、实验器材

1. 双通道示波器 SDS1102CML 一台。
2. 函数信号发生器 SDG1025 一台。
3. 交流数字毫伏表 TH1912A 一台。
4. 万用表一只(学生自带)。
5. DICE 系列实验仪一套。

三、实验原理

实验电路是在两级 RC 耦合放大器基础上,增加了交流电压串联负反馈。通过测量电路在开环(无负反馈)和闭环(电路有负反馈)的情况下,电路参数的变化,来验证负反馈对电路的影响。

如图 15-1 所示,电路中由 C_f 和 R_f 构成了交流电压串联负反馈支路。当该支路不接入电路中 C 点时,电路处于开环放大状态;当该支路接入电路中 C 点,电路就形成了有负反馈的闭环状态。

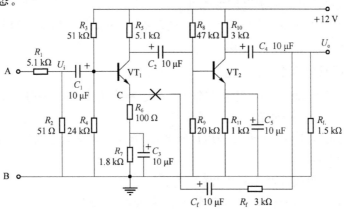

图 15-1　两级交流负反馈放大电路

四、实验内容和步骤

1. 负反馈放大器开环放大倍数的测试

(1) 按图 15-1 接线,将反馈支路从 C 点断开(即 C_f、R_f 先不接入)。将示波器的两个通道分别接入到电路中 U_i 和 U_o 处。

(2) 在 A、B 两端输入幅值约为 $100\ mV_{pp}$、$f = 1\ kHz$ 的正弦波,调节信号发生器的输出幅度,使示波器上测量到 $U_i = 1\ mV_{pp}$。调整接线和参数使输出不失真且无振荡(参考两级放大电路中的方法)。

(3) 按表 15-1 要求进行测量并填表。

(4) 根据实测值计算开环放大倍数 A_V 和输出电阻 R_o。

2. 负反馈放大器闭环放大倍数的测试

(1) 恢复反馈支路与 C 点的连接,按开环测试步骤(2)的要求调整电路。

(2) 按表 15-1 要求测量并填表,计算 A_{Vf},根据实测结果,验证 $A_{Vf} \approx \dfrac{1}{F}$。

表 15-1　负反馈对电路的放大性能的影响

反馈状态	R_L	U_i/mV_{pp}	U_o/mV_{pp}	$A_V(A_{Vf})$
开环	$\infty\ \Omega$	1		
	$1.5\ k\Omega$	1		
闭环	$\infty\ \Omega$	1		
	$1.5\ k\Omega$	1		

3. 负反馈对失真的改善作用

(1) 将图 15-1 电路开环(反馈支路与 C 点断开),逐步加大 U_i 的幅度,使输出信号出现失真(注意不要过分失真)记录失真波形幅度。

(2) 将电路闭环(恢复反馈支路与 C 点的连接),观察输出情况,并适当增加 U_i 幅度,使输出幅度接近刚才开环时失真波形幅度。

(3) 若 $R_f = 3\ k\Omega$ 不变,但 R_f 接入 VT_1 的基极,会出现什么情况? 实验验证之。

(4) 画出上述各步实验的波形图。

4. 测放大器频率特性

(1) 将图 15-1 电路先开环,适当调整 U_i 幅度(频率为 $1\ kHz$)使输出信号在示波器上有满幅(最大不失真)正弦波显示。

(2) 保持输入信号幅度不变逐步增加频率,直到波形幅值减小为原来的 70%,此时信号频率即为放大器的 f_H。

(3) 条件如上,但逐渐减小频率,测得 f_L。

(4) 将电路闭环,重复(1)~(2)步骤,将结果填入表 15-2。

表 15-2 放大器频率特性

反馈状态	f_L/Hz	f_H/Hz
开环		
闭环		

五、思考题

1. 将实验值与理论值比较,分析误差原因。
2. 根据实验内容总结负反馈对放大电路的影响。

实验十六　集成运算放大器的基本应用

一、实验目的

1. 研究由集成运算放大器组成的比例、加法、减法等基本运算电路的功能。
2. 了解运算放大器在实际应用时应考虑的一些问题。

二、实验器材

1. 直流稳压电源 SPD3303D 一台。
2. 数字万用表一台。
3. DICE 系列实验仪一台。

三、实验原理

由运算放大器组成的运算放大电路,其输出信号的幅度与输入信号的幅度之间呈线性关系。由于运算放大电路都属于深度负反馈电路,其放大倍数仅与电路的反馈系数相关,而与运算放大器本身无关。本实验中,运算放大电路的输出电压如下。

1. 电压跟随器:$U_o = U_i$。
2. 反相比例放大器:$U_o = -(R_f/R_1)U_i$。
3. 同相比例放大器:$U_o = (1 + R_f/R_1)U_i$。
4. 反相比例求和放大电路:$U_o = -((R_f/R_1)U_{i1} + (R_f/R_2)U_{i2})$。
5. 减法运算电路放大电路:$U_o = R_f/R_1(U_{i2} - U_{i1})$。

四、实验内容和步骤

1. 电压跟随器

实验电路如图 16-1 所示。按表 16-1 内容实验并测量记录。

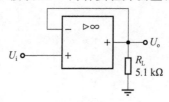

图 16-1　电压跟随器电路

表 16-1　电压跟随器

U_i/V		-2	-0.5	0	0.5	1
U_o/V	$R_L=\infty$ Ω					
	$R_L=5.1$ kΩ					

2. 反相比例放大器

实验电路如图 16-2 所示,连接电路,按表 16-2 内容实验并测量记录。

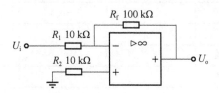

图 16-2　反相比例放大器电路

表 16-2　反相比例放大器电路

直流输入电压 U_i/mV		30	100	300	1 000	3 000
输出电压 U_o	理论估算/mV					
	实际值/mV					
	误差					

3. 同相比例放大器

实验电路如图 16-3 所示,连接电路,按表 16-3 实验,测量并记录实验数据。

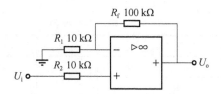

图 16-3　同相比例放大器电路

表 16-3　同相比例放大器电路

直流输入电压 U_i/mV		30	100	300	1 000	3 000
输出电压 U_o	理论估算/mV					
	实测值/mV					
	误差					

4. 反相比例求和放大电路

实验电路如图 16-4 所示,连接电路,按表 16-4 实验,测量并记录实验数据。

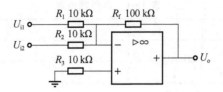

图 16-4　反相比例求和放大电路

表 16-4　反相比例求和放大电路

U_{i1}/V		0.3	−0.3	−0.2	−0.2
U_{i2}/V		0.2	0.2	0.3	−0.3
U_o/V	理论估算值				
	实际测量值				

5. 减法运算电路放大电路

实验电路为图 16-5 所示,连接电路,按表 16-5 实验,测量并记录实验数据。

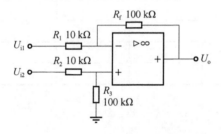

图 16-5　减法运算电路

表 16-5　减法运算电路

U_{i1}/V		1	1.8	0.2	0.2	−0.2	−0.2
U_{i2}/V		0.5	2	−0.2	0.2	−0.2	0.2
U_o/V	理论估算值						
	实际测量值						

五、思考题

1. 整理实验数据。

2. 将理论计算结果和实测数据相比较,分析产生误差的原因。

实验十七　RC正弦波振荡器

一、实验目的

1. 掌握桥式 RC 正弦波振荡器的电路构成及工作原理。
2. 熟悉正弦波振荡器的调整、测试方法。
3. 观察 RC 参数对振荡频率的影响,学习振荡频率的测定方法。

二、实验器材

1. 双通道示波器 SDS1102CML 一台。
2. 函数信号发生器 SDG1025 一台。
3. 交流数字毫伏表 TH1912A 一台。
4. DICE 系列实验仪一套。

三、实验原理

实验电路如图 17-1 所示,是典型的 RC 文氏电桥振荡电路。

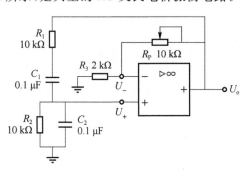

图 17-1　RC 正弦振荡电路

四、实验内容和步骤

1. 按图 17-1 连接好电路,检查无误后接通电源。
2. 用示波器观察输出 U_o 有无振荡波形输出。如果没有,则调整电位器 R_P 为 4 kΩ 左右,使输出端出现稳定无失真的正弦波。
3. 观察输出 U_o、U_+、U_- 的波形,绘下波形,并在波形中标记峰-峰值和周期,将波形频率记录在表中。注意一定要先同时观察 $U_\circ$、U_+ 的波形,再观察 U_-,观察时要保持输出幅度一致。

4. 用数字交流毫伏表分别测 $U_\circ$、U_+、U_- 电压有效值并填入表 17-1。在测量电压时,要用示波器同时观察输出波形的幅度是否保持稳定。

表 17-1　RC 正弦振荡电路参数

$U_\circ/V$	U_+/V	U_-/V	f/Hz	$R_P/k\Omega$

5. 关闭电源,去掉 R_P 两端的导线,用万用表测量其阻值,填入表 17-1。

6. 重新接通电源,连接 R_P。调整电位器 R_P,观察振荡器停振及波形削顶现象,绘下波形,标注波形幅度和周期。需要注意,在波形削顶时,$U_\circ$、U_+、U_- 的波形图像相互之间有较大差别。

五、思考题

1. 电路中哪些参数与振荡频率有关的? 将振荡频率的实测值与理论估算值比较,分析产生误差的原因。

2. 总结改变负反馈深度对振荡器起振的幅值条件及输出波形的影响。

3. 指出电路中哪些是正反馈元件? 哪些是负反馈元件?

实验十八　波形变换电路

一、实验目的

1. 熟悉波形变换电路的工作原理及特性。
2. 掌握上述电路的参数选择和调整方法。

二、实验器材

1. 双通道示波器 SDS1102CML 一台。
2. 函数信号发生器 SDG1025 一台。
3. 万用表一只(学生自带)。
4. DICE 系列实验仪一套。

三、实验原理

1. 方波变三角波

实验电路如图 18-1 所示,主要由 R_1、C_2 和运算放大器构成了积分电路将方波转换为三角波。

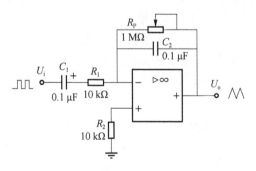

图 18-1　方波—三角波变换电路

2. 精密整流电路

实验电路如图 18-2 所示。

电路中运算放大器 A_1、R_1、R_3、VD_1、VD_2 共同构成输入信号的正半周的反相放大,在 U_a 处输出负极性半波信号。由于深度负反馈,使二极管的正向导通电压在整流中的影响被减小到可以忽略不计。

运算放大器 A_2、R_4、R_P、R_6 共同构成了反相比例放大电路,在 U_o 处输出正极性的全波整流信号。调整 R_P 可以实现输入信号两个半周的大小幅度完全一致。

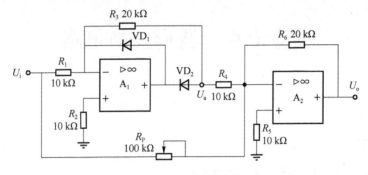

图 18-2 精密整流电路

四、实验内容和步骤

1. 方波变三角波

(1) 按图 18-1 接线,在 U_i 处输入频率 $f=500\,Hz$、幅度为 $3\,V_{PP}$ 的方波信号,用示波器同时测量 U_i、U_o,观察并记录电路输入和输出的波形。

(2) 改变方波频率,观察波形变化。如波形失真应如何调整,并验证分析。

(3) 改变输入方波的幅度,观察输出三角波的变化。

2. 精密整流电路

(1) 按图 18-2 接线,输入频率 $f=500\,Hz$、有效值为 $1\,V_{rms}$ 的正弦波信号,用示波器观察并记录 U_i 和 U_a 的波形。

(2) 用示波器同时测量 U_i 和 U_o,调节 R_P,观察 U_o 波形的变化情况。当 U_o 的两个半周的信号幅度一致时,记录 U_i 和 U_o 的波形。

(3) 改变输入频率及幅值(至少三个值)观察波形。

(4) 将正弦波换为三角波,重复上述实验。

五、思考题

1. 在图 18-1 所示的波形转换电路中,如果输入的信号幅度较大或输入的信号频率较低,会出现什么结果?

2. 总结波形变换电路的特点。

实验十九　低频功率放大器

一、实验目的

1. 掌握功率放大器的基本原理和性能。
2. 掌握功率放大器的指标测试方法。

二、实验器材

1. 双通道示波器 SDS1102CML 一台。
2. 函数信号发生器 SDG1025 一台。
3. 交流数字毫伏表 TH1912A 一台。
4. 万用表一只。
5. DICE 系列实验仪一套。

三、实验原理

图 19-1 是一个典型的 OTL 放大电路。

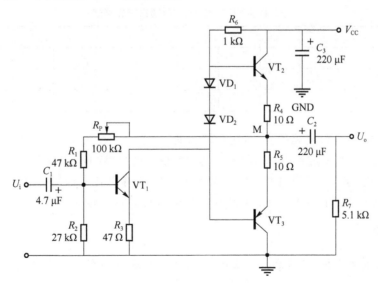

图 19-1　低频功率放大电路

四、实验内容和步骤

1. 静态工作点的测试

（1）按图 19-1 连接实验电路，检查无误后，接通电源。

（2）调节输出端中点电位 U_M。

调节电位器 R_P，用万用表测量 M 点电位，使 $U_M = \frac{1}{2} V_{CC}$。

2. 最大输出功率 P_{om} 和效率 η 的测试

（1）测量 P_{om}

输入端接 $f=1\,kHz$ 的正弦信号 U_i（由函数信号发生器输出），输出端接上 R_L，并用示波器观察输出电压 U_o 的波形。逐渐增大 U_i，使输出电压达到最大输出不失真，用交流毫伏表测出负载 R_L 上的电压 U_{om}，由下面公式计算出 P_{om}。

$$P_{om} = \frac{U_{om}^2}{R_L}$$

（2）测量 η

当输出电压为最大不失真输出时，读出直流毫安表中的电流值，此电流即为直流电源供给的平均电流 I_{dc}（有一定误差），由此可近似求得 $P_E = V_{CC} I_{dc}$，再根据上面测得的 P_{om}，即可求出 $\eta = \frac{P_{om}}{P_E}$。

（3）频率响应的测试

将输入信号的频率从低到高且幅度不变，通过输出信号的幅度，找到电路的 f_L、f_0 和 f_H。将测试数据分别填入表 19-1。

表 19-1 $U_i = 100\,mV$ 时频率响应测试

			f_L				f_0			f_H		
f/Hz							1 000					
U_o/V												
A_V												

在测试时，为保证电路的安全，应在较低电压下进行，通常取输入信号为输入灵敏度的 50%。在整个测试过程中，应保持 U_i 为恒定值，且输出波形不得失真。

（4）改变电源电压（例如由 +12 V 变为 +6 V），测量并比较输出功率和效率。

（5）比较放大器在带有 5.1 kΩ 和 100 Ω 负载时的功耗和效率。

五、思考题

1. 整理实验数据，计算静态工作点、最大不失真输出功率 P_{om}、效率 η 等。并与理论值进行比较。

2. 讨论实验中发生的问题及解决办法。

3. 总结功率放大电路特点及测量方法。

第三篇

数字电子技术实验

实验二十　逻辑门电路的逻辑功能及测试

一、实验目的

1. 掌握 TTL 与非门的逻辑功能、引脚排列和测试方法。
2. 常用 TTL 门电路和 CMOS 门电路的引脚排列、功能、特点。
3. 掌握与非门简单逻辑电路设计方法。

二、实验器材

1. 模拟数字综合实验箱 DICE-KM4 一台。
2. 数字万用表一台。
3. 与非门:74LS00、CD4011 各一块。

三、实验原理

1. 与非门简介

集成门电路 74LS00 和 CD4011 内含四个与非门,如图 20-1 所示,每个与非门有两个输入端和一个输出端引脚,所以称为四二输入与非门。图中 A、B 为各与非门的输入端,Y 为输出端,其中 A_1、B_1、Y_1 等均以下标的数字区分不同的与非门。

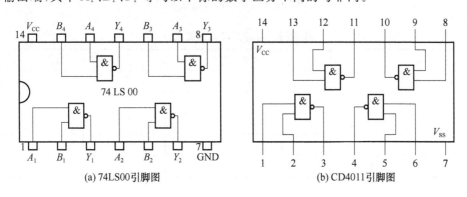

(a) 74LS00引脚图　　　　(b) CD4011引脚图

图 20-1　与非门芯片引脚图

与非门的输出函数表达为:$Y = \overline{AB}$。

2. 逻辑电平

（1）TTL 器件

TTL 器件一般情况下，都采用 5 V 供电。TTL 电平默认是 5 V TTL 元件电平，即：$V_{IH} \geqslant 2.0$ V，$V_{IL} \leqslant 0.8$ V。$V_{OH} > 2.4$ V，$V_{OL} < 0.4$ V。

（2）CMOS 器件

CMOS 器件的逻辑电平参数与供电电压有一定关系，5 V 供电的 CMOS 器件电平为：$V_{IH} > 3.5$ V，$V_{IL} < 1.5$ V。$V_{OH} > 4.95$ V，$V_{OL} < 0.05$ V。

四、实验内容和步骤

1. 与非门 74LS00 和 CD4011 逻辑功能的测试

按图 20-2 连接电路。图中 +5 V 用数字电路实验系统正上方提供的电源；S_1、S_2 为数字实验系统左下角的逻辑电平开关，用来提供输入信号 A、B（高电平为"1"，低电平为"0"。下同）；LED 为数字实验系统左下角的逻辑电平 LED，用来显示输出 Y 的逻辑状态（灯亮为"1"，灯灭为"0"）；V 为万用表，用来测试输出电压。确定电路无误后，接通电源，按表 20-1 中所给的逻辑状态，改变与非门输入端 A、B 的电平，将 Y 的状态（LED）和输出电压 U_o 填入表 20-1 中。

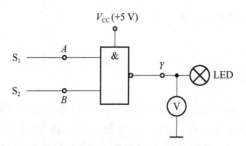

图 20-2　与非门芯片连接图

表 20-1　与非门逻辑功能测试

输入		74LS00 输出		CD4011 输出	
A	B	Y	U_o	Y	U_o
0	0				
0	1				
1	0				
1	1				

2. 门电路多余输入端的处理测试

将 74LS00 和 CD4011 按图示 20-3 连线后，A 输入端分别接地、高电平、悬空、与 B 端并接，观察当 B 端输入信号分别为高、低电平时，相应输出端的状态，并填入表 20-2 中。

表 20-2　门电路多余端处理

输 入		输 出	
A	B	74LS00 Y_1	CD4011 Y_2
接地	0		
	1		
高电平	0		
	1		
悬空	0		
	1		
A、B 并接	0		
	1		

3. 用与非门(74LS00 2 片)构成异或门

按图 20-3 连接电路。图中输入端 A、B 接逻辑开关,用逻辑电平 LED 显示输出 Y 的逻辑状态。确定电路无误后,接通电源,按表 20-3 中所给的逻辑状态,改变输入端 A、B 的电平,将 Y 的状态填入表中,并总结其逻辑表达式。

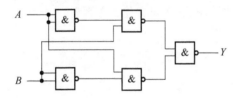

图 20-3　异或门逻辑电路图

表 20-3　异或门逻辑功能测

A	B	Y
0	0	
0	1	
1	0	
1	1	

4. TTL 与非门电压传输特性的测试

(1)测试条件:输出空载,任一输入端接可调电压,其他输入端悬空。

(2)测试电路如图 20-4 所示,利用 $R_{P2}=10\,\mathrm{k\Omega}$ 电位器(在数字电路实验系统上)调节输入电压值 U_i,同时测量输出电压值 U_o,并将测试数据填入表 20-4 中。

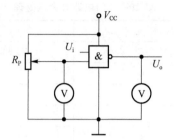

图 20-4　TTL 与非门电压传输特性的测试电路图

表 20-4　TTL 与非门电压传输特性测试数据

U_i/V	0.3	0.5	1.0	1.1	1.2	1.3	1.4	1.5	2.0
U_o/V									

五、思考题

1. 通过实验分析,说明 TTL 门电路和 CMOS 门电路有什么特点,总结它们的多余输入端的处理方法。

2. TTL 与非门的电压与电平之间有什么关系?

实验二十一　编译码器及其应用

一、实验目的

1. 掌握 74LS148 编码器和 74LS138 译码器的工作特点。
2. 掌握 74LS148 和 74LS138 设计电路的方法。
3. 掌握译码显示器 74LS48 的应用。

二、实验器材

1. 模拟数字综合实验箱 DICE-KM4 一台。
2. 74LS148、74LS138、74LS20、74LS48 各一块。

三、实验原理

74LS148 是 8 线-3 线优先编码器；74LS42 是 4 线-10 线译码器；74LS138 是 3 线-8 线译码器；74LS20 内含两个与非门，每个与非门有四个输入端。74LS48 为共阴显示译码器。各芯片引脚图如图 21-1 所示。

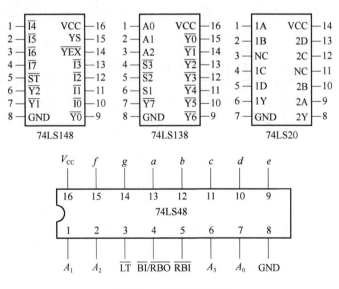

图 21-1　各芯片引脚图

四、实验内容和步骤

1. 8 线-3 线优先编码器功能测试

将 8 线-3 线优先编码器 74LS148 接入 16 脚的 IC 插座，输入端接逻辑电平开关 S，输出端接电平指示 L，第 16 脚接＋5 V，第 8 脚接 GND，改变输入端状态，观察输出端状态，并填入表 21-1 中（注：$\overline{ST}$ 的电平状态由＋5 V 和 GND 提供）。

表 21-1　74LS148 优先编码器真值表

输　　　　　入								输　　出				
$\overline{ST}$	$\overline{I_0}$	$\overline{I_1}$	$\overline{I_2}$	$\overline{I_3}$	$\overline{I_4}$	$\overline{I_5}$	$\overline{I_6}$	$\overline{I_7}$	$\overline{Y_2}$	$\overline{Y_1}$	$\overline{Y_0}$	$\overline{Y_{EX}}$	$\overline{Y_S}$
1	×	×	×	×	×	×	×	×					
0	1	1	1	1	1	1	1	1					
0	×	×	×	×	×	×	×	0					
0	×	×	×	×	×	×	0	1					
0	×	×	×	×	×	0	1	1					
0	×	×	×	×	0	1	1	1					
0	×	×	×	0	1	1	1	1					
0	×	×	0	1	1	1	1	1					
0	×	0	1	1	1	1	1	1					
0	0	1	1	1	1	1	1	1					

2. 3 线-8 线译码器功能测试

将 3 线-8 线优先编码器 74LS138 接入 16 脚的 IC 插座，输入端接逻辑电平开关 S，输出端接电平指示 L，第 16 脚接＋5 V，第 8 脚接 GND，改变输入端状态，观察输出端状态，并填入表 21-2 中。

表 21-2　74LS138 译码器真值表

输　　　入					输　　　　　出							
S_1	$\overline{S_2}+\overline{S_3}$	A_2	A_1	A_0	$\overline{Y_0}$	$\overline{Y_1}$	$\overline{Y_2}$	$\overline{Y_3}$	$\overline{Y_4}$	$\overline{Y_5}$	$\overline{Y_6}$	$\overline{Y_7}$
0	×	×	×	×								
×	1	×	×	×								
1	0	0	0	0								
1	0	0	0	1								
1	0	0	1	0								
1	0	0	1	1								
1	0	1	0	0								
1	0	1	0	1								
1	0	1	1	0								
1	0	1	1	1								

3. 设计实验

利用 74LS138 和 74LS20 设计一个 ABC 三人表决器,表决时,按照少数服从多数的原则,只要有两人及以上同意则表决结果 Y 通过。请填写完整以下表决电路的真值表 21-3 并且画出设计电路。

表 21-3　三人表决器真值表

S_1	$\overline{S_2}+\overline{S_3}$	A	B	C	Y
1	0				
1	0				
1	0				
1	0				
1	0				
1	0				
1	0				
1	0				

4. 七段数码管译码电路(选做)

向实验箱上的译码器输入端 1A～1D,2A～2D 分别输入 8421BCD 码,观察 1,2 两个数码管显示输出的符号。

五、思考题

1. 画出三人表决电路实验集成电路连线示意图。
2. 总结 74LS138 实现函数功能的设计方法和步骤。

实验二十二　加法器及数据选择器

一、实验目的

1. 掌握加法器和数据选择器的逻辑功能。
2. 掌握加法器和数据选择器组合逻辑电路的设计方法。

二、实验器材

1. 模拟数字综合实验箱 DICE-KM4 一台。
2. 74LS00、74LS86、74LS153 各一块。

三、实验原理

74LS86 是四双输入异或门，输出 $Y=A\oplus B$；74LS00 是四双输入与非门，输出为 $Y=\overline{AB}$；74LS153 是双四选一数据选择器。各芯片引脚图如图 22-1 所示。

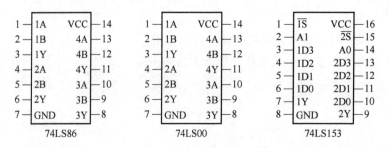

图 22-1　各芯片引脚图

四、实验内容和步骤

1. 全加器功能测试

将 74LS86 和 74LS00 分别接入 14 脚 IC 插座，第 14 脚接＋5 V，第 7 脚接 GND 并按图 22-2 所示连接。

输入端 A、B、C_{i-1} 接逻辑电平开关 S，输出 S_i、C_i 接电平指示 L，改变输入信号状态，观察输出端的状态，结果填入表 22-1 中，并写出输出 S_i、C_i 的表达式。

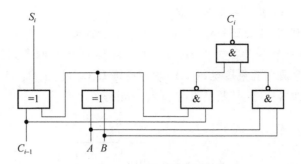

图 22-2　全加器功能测试图

表 22-1　全加器真值表

输　　入			输　　出	
A	B	C_{i-1}	S_i	C_i
0	0	0		
0	0	1		
0	1	0		
0	1	1		
1	0	0		
1	0	1		
1	1	0		
1	1	1		

2. 数据选择器的功能测试及应用

（1）测试 74LS153 集成电路的逻辑功能

将 74LS153 按芯片引脚图 22-1 连接，数据选择端 A_1、A_0，选通使能端 S、数据输入端 D_3、D_2、D_1、D_0 接逻辑电平开关 S，数据输出端 Y 接电平指示 L，改变输入信号状态，观察输出端的状态，结果填入表 22-2。

表 22-2　数据选择器真值表

输　　入			输　　出	
A_1	A_0	$\overline{S}$	Y	
×	×	1		
0	0	0		
0	1	0		
1	0	0		
1	1	0		

（2）利用 74LS153 设计一位全加器

参考表 22-1，利用 74LS153 及与非门设计一位全加器。

一位全加器有三个输入变量 A、B、C_{i-1}，而 74LS153 仅有两个数据选择端 A_1、A_0，可将 A、B、C_{i-1} 中任意两个变量接至 A_1、A_0 端。现将 B、C_{i-1} 接至 A_1、A_0 端，按图 22-3 所示连接电路，验证全加器功能，判断是否与表 22-1 相符。

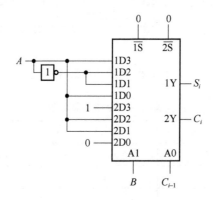

图 22-3　利用 74LS153 设计一位全加器逻辑图

3. 设计题（选做）

利用 74LS153 设计电路实现函数 $F = A\overline{B} + \overline{A}C + \overline{BC}$。要求画出真值表和电路连接图，并在实验箱上实现。

五、思考题

1. 列出全加器真值表，并写出输出逻辑表达式。

全加器输出逻辑表达式 $S_i = $ ＿＿＿＿＿＿＿＿＿＿＿＿＿＿＿，$C_i = $ ＿＿＿＿＿＿＿＿＿＿＿＿＿＿。

2. 列出数据选择器真值表。

3. 总结用 MSI 数据选择器实现逻辑函数的方法。

实验二十三 触发器及其应用

一、实验目的

1. 掌握基本 RS、同步 RS、JK 及 D 触发器的逻辑功能。
2. 掌握 JK 触发器电路设计方法。

二、实验器材

1. 模拟数字综合实验箱 DICE-KM4 一台。
2. 74LS00、74LS112 各一块。
3. 数字示波器 SDS1102CML 一台。

三、实验原理

74LS00 为四双输入与非门，输出 $Y=\overline{AB}$；74LS112 为双下降沿 JK 触发器（$\overline{S}$、$\overline{R}$ 分别是异步置 1 端和异步置 0 端）。各芯片引脚图如图 23-1 所示。

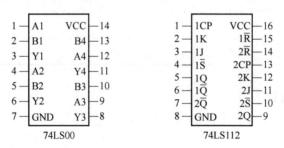

图 23-1　各芯片引脚图

四、实验步骤和内容

1. 基本 RS 触发器

根据逻辑图连接电路。选用 74LS00 的两个与非门，按图 23-2 连接成基本 RS 触发器。其中 $\overline{S}$、$\overline{R}$ 接逻辑电平开关 S，Q、$\overline{Q}$ 接电平指示 L，根据表 23-1 改变输入电平，验证其逻辑功能。

(1) 通过拨动 $\overline{S}$、$\overline{R}$ 连接的逻辑电平开关，观察电平指示灯 L，实现表 23-1 中所列 Q 的状态（初态）。

（2）将 $\overline{S}$、$\overline{R}$ 连接的逻辑电平开关同时置 1，使输出电平保持。

（3）将 $\overline{S}$、$\overline{R}$ 连接的逻辑电平开关拨动，变成表 23-1 中指定的电平。

（4）观察 Q（次态）、$\overline{Q}$ 连接的电平指示情况，填入表中 Q^{n+1} 和 $\overline{Q^{n+1}}$。

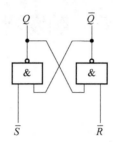

图 23-2　基本 RS 触发器逻辑图

表 23-1　基本 RS 触发器特性表

R	S	Q^n	Q^{n+1}	$\overline{Q^{n+1}}$
0	0	0		
0	0	1		
0	1	0		
0	1	1		
1	0	0		
1	0	1		
1	1	0		
1	1	1		

2. 同步 RS 触发器

根据逻辑图连接电路。选用 74LS00 的四个与非门，按图 23-3 连接成同步 RS 触发器。其中 S、R、CP 接逻辑开关，Q、$\overline{Q}$ 接 LED，根据表 23-2 改变输入电平，验证其逻辑功能。

（1）CP 置 1，通过拨动 R、S 连接的逻辑电平开关，观察电平指示灯 L，实现表 23-2 中所列 Q 的状态（初态）；

（2）将 CP 置 0，使输出电平保持；

（3）将 R、S 连接的逻辑电平开关拨动，变成表 23-2 中指定的输入电平，再将 CP 开关置 0，使触发器动作；

（4）观察 Q（次态）、$\overline{Q}$ 连接的电平指示情况，填入表中 Q^{n+1} 和 $\overline{Q^{n+1}}$。

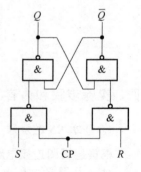

图 23-3　同步 RS 触发器逻辑图

表 23-2 同步 RS 触发器真值表

CP	R	S	Q^n	Q^{n+1}	$\overline{Q^{n+1}}$
0	$\times$	$\times$	0		
0	$\times$	$\times$	1		
1	0	0	0		
1	0	0	1		
1	0	1	0		
1	0	1	1		
1	1	0	0		
1	1	0	1		
1	1	1	0		
1	1	1	1		

3. 集成 JK 触发器逻辑功能的测试

$\overline{S}$、$\overline{R}$、J、K 端接至逻辑电平开关 S,CP 端接至单脉冲电路 P11(按下红色键则输出下降沿),首先利用 $\overline{S}$、$\overline{R}$ 将触发器 Q 端置 0 或 1,然后将 $\overline{S}$、$\overline{R}$ 置高电平,并按表 23-3 的要求改变 CP、J、K 的状态,观察 Q、$\overline{Q}$ 端在电平指示 L 中的显示,并转换成逻辑状态填入表 23-3 中。

(1) 通过拨动 $\overline{S}$、$\overline{R}$ 连接的逻辑电平开关,观察电平指示灯 L,实现表中所列 Q 的状态(初态);

(2) 将 $\overline{S}$、$\overline{R}$ 连接的逻辑电平开关置 1,使输出电平保持;

(3) 将 J、K 连接的逻辑电平开关拨动,变成表 23-3 中指定的输入电平,再将 CP 单脉冲开关按动一次,使触发器动作;

(4) 观察 Q(次态)、$\overline{Q}$ 连接的电平指示情况,填入表中 Q^{n+1} 和 $\overline{Q^{n+1}}$。

表 23-3 JK 触发器特性表

CP	J	K	Q^n	Q^{n+1}	$\overline{Q^{n+1}}$
$\times$	$\times$	$\times$	0		
$\times$	$\times$	$\times$	1		
$\downarrow$	0	0	0		
$\downarrow$	0	0	1		
$\downarrow$	0	1	0		
$\downarrow$	0	1	1		
$\downarrow$	1	0	0		
$\downarrow$	1	0	1		
$\downarrow$	1	1	0		
$\downarrow$	1	1	1		

4. 利用 74LS112 中的两个 JK 触发器设计一个 4 分频器。

设计并画出电路连接图,两个 JK 触发器的 CP 均接实验箱左上角的"1 kHz"输出孔。用数字示波器同时测量 CP 端和输出 Q 端的信号并记录波形和频率值。

五、思考题

1. 根据实验结果总结基本触发器、同步触发器和边沿触发器的动作特点。
2. 总结各触发器的逻辑功能,并写出其特性方程。
3. 画出分频状态下 JK 触发器 CP 及 Q 端波形。

实验二十四　计数器及其应用

一、实验目的

1. 掌握 D 触发器工作原理和设计方法。
2. 掌握常用计数器的设计方法。

二、实验器材

1. 模拟数字综合实验箱 DICE-KM4 一台。
2. 74LS00、74LS74、74LS20 各一块。
3. 74LS161 两块。

三、实验原理

74LS74 为双上升沿 D 触发器，其中 $\overline{R_D}$ 为异步复位端，$\overline{S_D}$ 为异步置位端；74LS161 为四位二进制同步计数器，其中 $\overline{C_r}$ 为异步清零端，$\overline{LD}$ 为同步置数端，P、T 为使能端，C0 为进位输出端。各芯片引脚图见图 24-1。

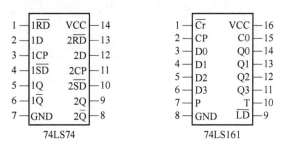

图 24-1　各芯片引脚图

四、实验内容和步骤

1. 利用 D 触发器 74LS74 设计计数器

（1）测试 74LS74 的逻辑功能

选用 74LS74 的一个 D 触发器，按图 24-2 连接电路。其中 $\overline{R_D}$、$\overline{S_D}$、D 端接逻辑电平开关 S，CP 端接单脉冲电路 P11（按下按键为上升沿），Q、$\overline{Q}$ 端接 LED。根据表 24-1 改变输入电平，验证其逻辑功能。

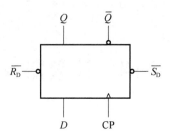

图 24-2 D 触发器

表 24-1 74LS74 逻辑功能表

$\overline{R_D}$	$\overline{S_D}$	CP	D	Q^n	Q^{n+1}	$\overline{Q^{n+1}}$
1	0	×	×	×		
0	1	×	×	×		
1	1	×	×	0		
1	1	×	×	1		
1	1	↑	0	×		
.1	1	↑	1	×		

（2）用 74LS74 设计三位二进制加法计数器

选用三个 D 触发器，按图 24-3 连接电路。其中 CP 接连续脉冲插孔（建议 1 Hz），各 Q 端接电平指示 L。

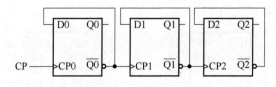

图 24-3 三位二进制异步加法计数器

输入 CP 脉冲，计数器按二进制方式工作。观察输出 Q_2、Q_1、Q_0 状态，填入图 24-4 中。

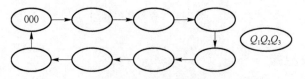

图 24-4 三位二进制异步加法计数器状态图

2. 利用 74LS161 设计十进制计数器

（1）清零法

按图 24-5 连接电路，其中 CP 端接连续脉冲插孔（建议使用 1 Hz），D_0、D_1、D_2、D_3 端

空置,各 Q 端分别接实验箱静态显示的 A1 到 D1。输入 CP 脉冲,观察输出第 1 个数码管的状态,并画出该计数器的状态图。

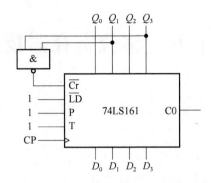

图 24-5　74LS161 清零法构成的十进制计数器

（2）置数法

按图 24-6 连接电路,其中 CP 端接连续脉冲插孔(建议使用 1 Hz),由逻辑电平开关 S 为 D_0、D_1、D_2、D_3 端提供"0110",各 Q 端接静态显示的 A1 到 D1。输入 CP 脉冲,观察第 1 个数码管的状态,并画出该计数器的状态图。

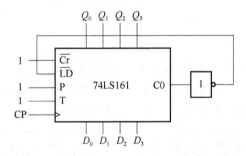

图 24-6　74LS161 置数法构成的十进制计数器

利用 74LS161 和 74LS20 设计一个六十进制计数器。其中时钟信号由实验箱上 1 Hz 连续脉冲插孔提供,实验箱上的数码管显示计数结果。

五、思考题

1. D 触发器与其他触发器的区别?
2. 画出模 10 计数器的状态图($Q_3 Q_2 Q_1 Q_0$)。
3. 总结利用 MSI 计数器构成任意进制计数器的设计方法。

实验二十五　移位寄存器及其应用

一、实验目的

1. 掌握移位寄存器的工作原理及电路组成。
2. 掌握常用 MSI 移位寄存器的应用方法。

二、实验器材

1. 模拟数字综合实验箱 DICE-KM4 一台。
2. 74LS00、74LS194 各一块。
3. 74LS74 两块。

三、实验原理

74LS74 为双上升沿 D 触发器,其中 $\overline{R_D}$ 为异步复位端,$\overline{S_D}$ 为异步置位端;74LS194 为四位双向移位寄存器,其中 $\overline{CLR}$ 为清零端,S_R 为右移串行输入端,S_L 为左移串行输入端,S_1、S_0 为工作模式控制端。各芯片引脚图如图 25-1 所示。

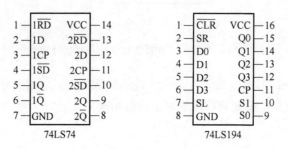

图 25-1　各芯片引脚图

四、实验步骤及内容

1. 由 D 触发器构成的单向移位寄存器

选用四个 D 触发器,按图 25-2 连接电路。其中 CP 接连续脉冲插孔(建议使用 1 Hz),$\overline{R_D}$、D_0 端接逻辑开关,各 Q 端接 LED。

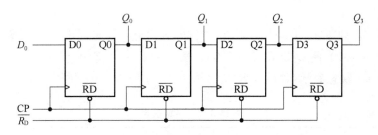

图 25-2　由 D 触发器组成的四位右移位寄存器

首先将寄存器清零（$\overline{R_D}=0$），清零后应将 $\overline{R_D}$ 置高电平。然后将 D_0 置高电平并且输入一个 CP 脉冲，即将数码送入了 Q_0。最后将 D_0 置低电平，再输入三个脉冲，此时已将数码 1000 串行送入寄存器，并完成数码 1 的右向移动过程。每输入一个 CP 脉冲，同时观察 $Q_0 \sim Q_3$ 的状态显示，并将结果填入表 25-1 中。

表 25-1　单向移位寄存器真值表

CP	D_0	Q_0	Q_1	Q_2	Q_3
0	0	0	0	0	0
1	1				
2	0				
3	0				
4	0				

2. 测试 74LS194 的逻辑功能

按芯片引脚图连接电路，其中 CP 端接连续脉冲插孔，$D_0 \sim D_3$ 端接逻辑电平开关 S，各 Q 端接电平指示 L。

（1）送数（并行输入）

接通电源，将 $\overline{CLR}$ 端置低电平，使寄存器清零，观察 $Q_0 \sim Q_3$ 状态全为 0。然后将 $\overline{CLR}$ 端置高电平。令 $S_1 = S_0 = 1$，在 0000～1111 之间任选几个二进制数，由 $D_0 \sim D_3$ 端送入，在 CP 脉冲作用下，看输出 $Q_0 \sim Q_3$ 状态显示是否正确，将结果填入表 25-2 中。

表 25-2　并行输入真值表

序号	输入				输出			
	D_0	D_1	D_2	D_3	Q_0	Q_1	Q_2	Q_3
1	0	0	0	0				
2	1	0	0	0				
3	1	0	1	0				
4	0	1	0	1				
5	1	1	1	1				
6	1	1	0	0				

（2）右移

将 Q_3 接 S_R，即将 12 引脚与 2 引脚连接，同时将清零端置高电平。令 $S_1 = S_0 = 1$，送数 $D_0 D_1 D_2 D_3 = 1000$，使 $Q_0 Q_1 Q_2 Q_3 = 1\,000$，然后令 $S_1 = 0$，$S_0 = 1$，连续发出 4 个 CP 脉冲，观察 $Q_0 \sim Q_3$ 状态显示，并填入表 25-3 中。

表 25-3　右移真值表

CP	Q_0	Q_1	Q_2	Q_3
0	1	0	0	0
1				
2				
3				
4				

（3）左移

将 Q_0 接 S_L，即将 15 引脚与 7 引脚连接，同时将 $\overline{CLR}$ 端置高电平。令 $S_1 = S_0 = 1$，送数 $D_0 D_1 D_2 D_3 = 0001$，使 $Q_0 Q_1 Q_2 Q_3 = 0001$，然后令 $S_1 = 1$，$S_0 = 0$，连续发出 4 个 CP 脉冲，观察 $Q_0 \sim Q_3$ 状态显示，并填入表 25-4 中。

表 25-4　左移真值表

CP	Q_0	Q_1	Q_2	Q_3
0	0	0	0	1
1				
2				
3				
4				

（4）保持

清零后送入一个四位二进制数，例如 $Q_0 Q_1 Q_2 Q_3 = 1010$，然后令 $S_1 = S_0 = 0$，连续发出 4 个 CP 脉冲，观察 $Q_0 \sim Q_3$ 的状态显示，并填入表 25-5 中。

表 25-5　保持真值表

CP	Q_0	Q_1	Q_2	Q_3
0	1	0	0	0
1				
2				
3				
4				

3. 利用 74LS194 设计扭环型计数器(选做)

按图 25-3 连接电路,其中 CP 接连续脉冲插孔(建议 1 Hz),$D_0 \sim D_3$ 端空置,$Q_0 \sim Q_3$ 端接电平指示 L。输入 CP 脉冲,观察 $Q_0 \sim Q_3$ 的状态,并画出该计数器的状态图。

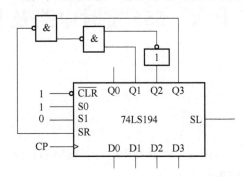

图 25-3　74LS194 构成的能自启动的扭环型计数器

五、思考题

1. 移位寄存器与 RAM 的区别?
2. 画出扭环型计数器的状态图($Q_3 Q_2 Q_1 Q_0$)。

实验二十六　555 定时电路及其应用

一、实验目的

1. 掌握时电路的工作原理及定时元件 RC 对振荡周期和脉冲宽度的影响。
2. 掌握 555 设计定时电路的方法。

二、实验仪器

1. 模拟数字综合实验箱 DICE-KM4 一台。
2. 数字示波器一台。
3. 函数信号发生器一台。
4. 数字万用表一只。
5. 555 定时器芯片一块。

三、实验原理

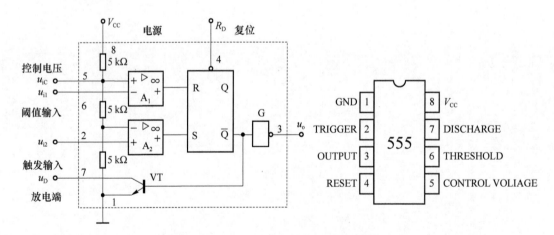

图 26-1　555 定时器内部电路和引脚图

555 定时器各引脚的作用如下所述。

（1）GND：接地端。

（2）TRIGGER：触发输入端，又称为低触发输入端。当该端电平低于低触发电平 $\frac{1}{3}V_{CC}$ 时，引起输出为高电平。

（3）OUTPUT：输出端。

（4）RESET：复位端。

（5）CONTROL VOLTAGE：电压控制端。当外接参考电压时，可以改变上下比较器的参考电压，从而改变高低触发电平。使用时常在此端和地之间跨接 $0.01\,\mu\mathrm{F}$ 的去耦电容，以消除干扰。

（6）THRESHOLD：阈值输入端，又称为高触发输入端。当该端电平高于 $\frac{2}{3}V_{\mathrm{cc}}$ 时，引起输出低电平。

（7）DISCHARGE：放电端。由放电管 T 控制该端对地是导通或是截止。如在此端通过外接电阻与另一电源相接，则由该端输出的信号 u_0' 可实现输出电平的转换。

（8）V_{cc}：电源端。555定时器可在较宽范围的电源电压下工作，并能承受较大的负载电流。

（9）由上述原理可得555电路功能表如表26-1所示。

表 26-1　555 电路功能表

$\overline{T}(2)$	TH(6)	$\overline{R}(3)$	F(3)	VT（放电管）
$<\frac{1}{3}V_{\mathrm{cc}}$	*	>1.4 V	1	截止（OFF）
$>\frac{1}{3}V_{\mathrm{cc}}$	$>\frac{2}{3}V_{\mathrm{cc}}$	>1.4 V	0	饱和（ON）
$>\frac{1}{3}V_{\mathrm{cc}}$	$<\frac{2}{3}V_{\mathrm{cc}}$	>1.4 V	保持	保持
*	*	<0.3 V	0	饱和（ON）

四、实验内容和步骤

1. 多谐振荡器

图26-2为多谐振荡器，定时电阻为 R_A 和 R_B，C 是定时电容。当接通电源电压 V_{cc} 后，V_{cc} 经电阻 R_A、R_B 对 C 充电，当电容上的电压 V_C 充到 $2/3V_{\mathrm{cc}}$ 时，内部触发器被复位，输出翻转成低电平，即 $V_0=0$，同时放电管 Q_8 导通，使 C 经 R_B 向端子7放电。当 C 上电压下降到 $1/3V_{\mathrm{cc}}$ 时，内部触发器置位，输出又翻转成高电平，即 $V_0\approx E_{\mathrm{C}}$ 电容放电终止，充电又开始，周而复始形成振荡。

C 在充电放电过程中，其电压在 V_{cc} 的 $1/3$ 和 $2/3$ 之间变化，因此输出高电平期间 t_1 可用下式表示（即充时间）：

$$t_1=(R_A+R_B)C\ln\frac{V_{\mathrm{cc}}-1/3V_{\mathrm{cc}}}{V_{\mathrm{cc}}-2/3V_{\mathrm{cc}}}=(R_A+R_B)C\ln2=0.693(R_A+R_B)C$$

同理，输入低电平期间：t_2（放电时间）为 $t_2=0.693R_BC$。

振荡周期为：$T=t_1+t_2=0.693(R_A+2R_B)C$。

振荡频率为：$f=1/T=1.443/[(R_A+2R_B)C]$。

输出矩形波的占空系数为：$D=t_1/T=R_A+R_B/R_A+2R_B$。

（1）对照图 26-2 接线，其中 $R_8 = 1 \text{ k}\Omega$，$R_7 = 2 \text{ k}\Omega$，$R_P = 10 \text{ k}\Omega$，$C_{14} = 0.1 \ \mu\text{F}(100 \text{ nF})$，$C_6 = 0.01 \ \mu\text{F}(10 \text{ nF})$。

（2）检查实验电路无误后接通电源（+5 V），555 定时器开始工作。调节电位器 R_P，用示波器观测 U_C（S_1 点）、U_o（S_2 点）处波形的变化。

（3）绘出 U_C（S_1 点）、U_o（S_2 点）的波形（电位器 R_P 调在适当位置，调节示波器相关旋钮，待波形稳定、清晰）。

（4）用万用表测量此时 R_A 的值，并计算多谐振荡器的振荡周期和频率。

其中：$R_A = R_8 + R_P$，$R_B = R_7$，$C = C_{14}$。

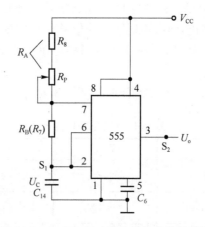

图 26-2　由 555 定时器组成的多谐振荡器

2. 施密特触发器

（1）对照图 26-3 接线（$R = 1 \text{ k}\Omega$，$R_P = 10 \text{ k}\Omega$）。其中 555 定时器的 2 引脚和 6 引脚接在一起，接至函数发生器三角波（或正弦波）的输出，U_i 和 U_o 端接双踪示波器。

（2）检查实验电路无误后接通电源（+5 V），输入三角波或正弦波，并调至一定的频率和幅度，观察输入 U_i、输出 U_o 波形的形状。同时调节电位器 R_P，使 5 引脚的外加控制电压发生变化，并观察输出 U_o 波形的变化。

（3）绘出 U_i 和 U_o 的波形（电位器 R_P 调在适当位置，调节示波器相关旋钮，待波形稳定、清晰）。

（4）用示波器观察施密特触发器的电压传输特性曲线，并记录。

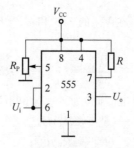

图 26-3　由 555 定时器组成的施密特触发器

3. 单稳态触发器

（1）按图 26-4 接线，$R_8 = 1\ \text{k}\Omega$，$R_P = 10\ \text{k}\Omega$，$C_{14} = 0.1\ \mu\text{F}（100\ \text{nF}）$，$C_6 = 0.01\ \mu\text{F}$（10 nF），$U_i$ 接连续脉冲（建议使用 Q_{10} 端）。

（2）检查实验电路无误后接通电源（+5 V），调节电位器 R_P，用示波器观察 $U_C（C_{14}）$、U_o 处波形的变化。

（3）绘出 U_C、U_o 波形（电位器 R_P 调在适当位置，调节示波器相关旋钮，待波形稳定、清晰）。

（4）用万用表测量此时 R 的值，并计算单稳态触发器的输出脉冲宽度 T_w。

计算公式：$T_w = 1.1RC$。其中：$R = R_8 + R_P$，$C = C_{14}$。

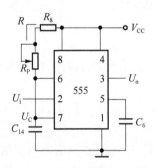

图 26-4　由 555 定时器组成的单稳态触发器

五、思考题

1. 如何调节 555 定时器的频率和占空比？
2. 555 定时器可以设计成函数发生器吗？

附录 A 常用元器件

集成电路、电阻、电容、晶体管等是电子设备中不可少的元器件,能够准确识别、检测是基本技能之一,也是一项基本功。

一、电阻的识别与检测

电阻实际值与标称电阻值往往有一定的偏差,这个偏差值与实际电阻阻值的百分比是电阻器误差。

电阻在出厂时对其阻值和误等差进行了标识,电阻的识别就是要识读电阻的标称值和误差。

标称值是标记在电阻表面的值。电阻器阻值的范围很广,可以从几欧到几十兆欧,但都必须符合阻值系列。目前电阻的数值有三大系列 E6、E12、E24。电阻器的标称值应是表 A-1 所列数值的 10^n 倍,其中 n 为正整数、负整数或者是零。

表 A-1 电阻器的标称阻值系列表

系列	误差	电阻的标称值
E24	±5%	1.0;1.1;1.2;1.3;1.4;1.5;1.6;1.8;2.0;2.2;2.4;2.7;3.0;3.3;3.6;3.9;4.3;4.7;5.1;5.6;6.2;6.8;7.5;8.2;9.1
E12	±10%	1.0;1.2;1.5;1.8;2.2;2.7;3.3;3.9;4.7;5.6;6.8;8.2
E6	±20%	1.0;1.5;1.8;2.2;3.3;4.7;6.8

电阻的标记方法有三种,它们是直标法、色环标记法和数码标记法。

1. 直标法

在一些体积较大的电阻器身上,直接用数字标注出标称阻值,有的还直接标出允许误差。由于电阻器体积大,标注方便,对使用来讲也方便,一看便能知道其阻值大小。

2. 色环标记法

用颜色环代表电阻的阻值和误差,这种电阻又称为色环电阻。不同颜色代表不同的标称值和误差,如表 A-2 所示。

色环标示有四环和五环(较精确电阻器)两种标示,如四环(第一、二环表示有效数位,第三环倍乘(10^n)或零的个数,单位是欧姆,第四环误差);五环(第一、二、三环表示有效数位,第四环倍乘(10^n)或零的个数,单位是欧姆,第五环误差)。四环或五环标示的第一环是从电阻器上看离端头最近的一环。

表 A-2　色环表(The color code)

颜色(Color)	数字(Digital)	10 的指数(Multiple)	误差(Tolerance)
黑 Black	0	10^0	
棕 Brown	1	10^1	$\pm1\%$
红 Red	2	10^2	$\pm2\%$
橙 Orange	3	10^3	
黄 Yellow	4	10^4	
绿 Green	5	10^5	
蓝 Blue	6	10^6	
紫 Violet	7	10^7	
灰 Gray	8	10^8	
白 White	9	10^9	
金 Gold		10^{-1}	$\pm5\%$
银 Silver		10^{-2}	$\pm10\%$
无 Nothing			$\pm20\%$

3. 数码标记法

采用数码标记的元件有精密电阻、可变电阻、表面安装电阻等,有些电容器、电感器也采用数码标记的方法。

数码标记法常用三位数标注元件的数值:从左至右,前二位数表示有效数,第三位为零的个数,即前二位数乘以 10^n($n=0\sim8$),当 $n=9$ 时为特例,表示 10^{-1}。

数码标记的电阻的阻值以欧为单位,例如:

222 表示电阻 $22\times10^2=2.2\ \mathrm{k\Omega}$;

103 表示电阻 $10\times10^3=10\ \mathrm{k\Omega}$。

4. 电阻的检测

电阻的阻值可以使用万用表的电阻挡进行测量,在测量前需要将电阻从电路中断开,凡测量的阻值与标称值的差值超过规定误差的电阻一律不能再电路中使用。

二、电容的识别与检测

电容量反映了电容器储存电荷能力,由标称值和单位两部分组成。常用的单位有 F(法)、μF(微法)、nF(纳法)、pF(皮法、微微法)。其关系为 $10^{12}\ \mathrm{pF}=10^9\ \mathrm{nF}=10^6\ \mu\mathrm{F}=1\ \mathrm{F}$。

额定直流工作电压是指电容器在电路中能够长期可靠工作而不被击穿所能承受的最

· 93 ·

高电压(又称耐压)。耐压值往往直接标注在电容器的外壳上。其标示方法有下面4种。

1. 直标法

适用体积较大的电容器、在电容器外壳上直接标出标称容量和允许误差,当用整数表示时单位为pF;用小数表示量单位为μF。例如:

1 μF 50 V、100 μF 25 V、1000 μF 16 V;

0.1=0.1 μF、0.22=0.22 μF;

0.01 163 V(0.01 μF,Ⅰ级误差,耐压63 V)。

2. 文字符号标示法

采用字母、数字或两者结合来标注电容器主要参数,采用单位开头字母(p、n、μ、m、F)来表示单位量,允许误差和电阻的表示方法相同。例如:

10=10 pF、300Ⅱ(300 pF、Ⅱ级误差)、3P3=3.3 pF;

1 n=1 000 pF、8n2=8.2n=8 200 pF、4 μ7=4.7 μF;

2m2=2.2m=2 200 μF、22nJ63(22 nF、J级误差、63 V耐压)。

3. 数码法

是用三个整数来表示标称容量,再用一个字母表示允许误差,前两位数是表示有效值,第三位数为倍乘,即10的n次方,其单位为pF。例如:

104 k 表示容量为10×10^4 pF=100 nF=0.1 μF,误差为10%;

512 J 表示容量为51×10^2 pF=5 100 pF=5.1 nF,误差为5%。

4. 电容器的检测

电容器的好坏主要是通过检测其容量和漏电电阻两个方面进行判断。

电容的容量可以采用数字电桥或数字万用表的电容挡进行测量,容量误差较大的电容可以判断为损坏。

漏电电阻表示电容器两个极板之间的绝缘性能。所有电容的漏电电阻值都是越大越好。除了容量较大的电解电容,其他电容都不允许有漏电。

三、晶体二极管识别与检测

1. 常用二极管识别

二极管是一种具有单向导电特性和非线性伏安特性的半导体器件。图形符号见图A-1,常见二极管的外形见图A-2。一般二极管的型号标在元件体上。

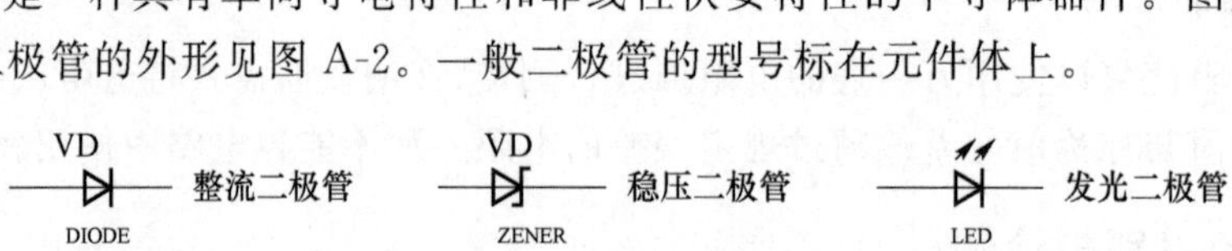

图 A-1　常用二极管的图形符号

从图A-2中可以看出,普通二极管有正、负两个电极,其中印有色环的一端是负极。对于发光二极管,长引脚是正极。观察内部,可以看到器件内有两个"旗子",高的或长的那面对应的那端是负极。

(a) 普通二极管，色环(左)代表负极　　　(b) 发光二极管，胶体内电极小(上)为正

图 A-2　常见二极管封装及极性识别

2. 常用二极管检测

所有二极管内部均由 PN 结构成，可以通过测量单向导电性初步判断其好坏。

指针式万用表的电阻挡测量二极管正反向电阻，正常的二极管正向电阻较小，反向电阻为无穷大。指针式万用表电阻挡测量元件时，电流从黑表笔流出，测量电阻较小一次的黑表笔所接二极管引脚为正。

数字式万用表采用二极管挡测量二极管。万用表上显示的数字代表二极管的导通电压。普通二极管的正向电压为 0.6 V(硅)或 0.2 V(锗/肖特基)左右。发光二极管的正向导通电压为 1.8 V 左右，同时可以观察到 LED 被点亮。数字式万用表二极管挡测量时，电流从红表笔流出，在正向测量时红表笔所接引脚为二极管的正极。

四、三极管识别与检测

三极管是一种常用的电流放大器件，三极管由两个 PN 结组成。有 PNP 及 NPN 两种结构，如图 A-3(a)、A-3(b)所示。通过检测三极管的两个 PN 结的好坏可以初步判断三极管的好坏。同时，可以通过万用表的 HFE 挡测量三极管的电流放大倍数 β。

对于中小功率塑料三极管，如图 A-3(c)所示，将三极管平面朝向自己，三个引脚朝下放置，一般从左到右依次为发射极 e、基极 b、集电极 c。图 A-3(d)金属帽底端有一个小突起，距离这个突起，最近的是发射极 e，然后引脚朝上顺时针依次是基极 b、集电极 c。

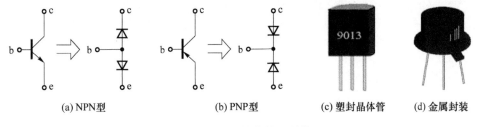

(a) NPN型　　　　(b) PNP型　　　　(c) 塑封晶体管　　　(d) 金属封装

图 A-3　三极管符号及封装

三极管参数、特性测试可用三极管特性测试仪、图试仪等。对于三极管好坏、引脚、极性、材料、电流放大系数(β)、穿透电流的简单测试，使用数字万用表、指针式万用表最为方便、快捷，也是电子技术人员常用方法之一。

使用指针式万用表简易测试时应注意：①黑表笔视为正极，红表笔视为负极；②最好使用 20 Ω 左右中值电阻指针式万用表，挡位用×1 k(以免判定引脚、材料时出错)。使用数字万用表,则情况恰好相反,红表笔为正(插在 V/Ω 孔中),黑表笔为负(插在 COM 孔中),但其电阻挡不能用来测二极管、三极管,只能用二极管挡。

二极管、三极管测试的基本原理是通过检测其正、反向电阻大小来确定极性、引脚,利用这一原理即可对整流桥堆、场效应管、发光二极管、数码管、光电管、光电耦合器等器件进行检测。

附录 B　测量误差与数据处理

按照误差的基本性质和特点,可把误差分为系统误差、随机误差和粗大误差三大类。不同的误差采用不同的处理方法。

一、系统误差的判断和处理

1. 系统误差的定义和产生原因

系统误差是指等精度测量时,误差的数值保持恒定或按某种函数规律变化的误差。系统误差生产的原因可能有很多,但主要是仪器误差、环境误差、方法误差以及理论误差等。

2. 系统误差的特点

(1) 系统误差是一个恒定不变的值或是确定的函数值。

(2) 多次重复测量,系统误差不能消除或减少。

(3) 系统误差具有可控制性或修正性。

3. 系统误差的判断

测量结果是否含有系统误差,可根据系统误差的特点来判断。常用方法有:

(1) 理论分析法;

(2) 校准和对比法;

(3) 改变测量条件法;

(4) 剩余误差观察法;

(5) 公式判断法。

4. 系统误差的处理

(1) 消除系统误差产生的根源

在测量工作开始前,尽量消除产生误差的来源,或设法防止受到误差来源的影响,这是减小系统误差最好也是最根本的方法。

(2) 采用典型测量技术消除系统误差

在测量过程中,可以采用零示法、微差法、代替法和交换法等。

二、随机误差的估计和处理

1. 随机误差的定义和产生原因

等精度测量同一量时,误差的绝对值和符号均不可预测且无规则变化,这类误差称为随机误差。随机误差是不可预测和不可避免的,随机误差是许多因素造成的很多微小误差的总和。

2. 随机误差的特点

(1) 在多次测量中,绝对值小的误差出现的次数比绝对值大的误差出现的次数多。

(2) 在多次测量中,绝对值相等的正误差与负误差出现的概率相同,即具有对称性。

(3) 测量次数一定时,误差的绝对值不会超过一定的界限,即具有有界性。

(4) 进行等精度测量时,随机误差的算术平均值随着测量次数的增加而趋近于零,即正负误差具有抵偿性。

3. 随机误差分散程度的计算

根据统计学,一组测量数据可由总体平均大小和分散程度来描述。算术平均值说明了测量值的总体平均大小。测量数据的分散程度通常用测量的方差和标准差来表示。标准差是将方差开方,取正平方根。由于实际测量只能做到测量次数为有限次,从实用目的出发,我们用贝塞尔公式来计算有限次测量数据标准差。

贝塞尔公式定义:当 n 为有限次时,可以用剩余误差来计算标准差的估计值。剩余误差(或称残差)为各次测得值与算术平均值之差。

$$\bar{x} = \frac{1}{n}\sum_{i}^{n} x_i, \quad v_i = x_i - \bar{x}, \quad \bar{\sigma} = \sqrt{\frac{1}{n-1}\sum_{i=1}^{n} v_i^2}$$

4. 随机误差的处理原则

由于随机误差的抵偿性,理论上当测量次数 n 趋于无限大时,随机误差趋于零。只要我们选择合适的测量次数,使测量精度满足要求,就可将算术平均值作为最后的测量结果。

三、粗大误差的判断和处理

1. 粗大误差的定义和产生原因

粗大误差又称疏失误差或粗差,它是在一定的测量条件下,测量值明显偏离实际值所造成的测量误差。粗大误差是由于读数错误、记录错误、操作不正确、测量条件的意外改变等因素造成的。由于粗大误差明显歪曲测量结果,这种测量值称为可疑数据或坏值,应予以剔除,只有在消除粗大误差后才能进行计算。

2. 测量结果的置信概率与置信区间

置信概率(或称置信度)用来描述测量结果在数学期望附近某一确定范围内的可能性有多大,一般用百分数表示。这个确定的范围称为置信区间,即是极限误差的范围。对于同一测量结果,所取置信区间越宽,则置信概率越大,反之越小。

3. 可疑数据的剔除方法

剔除有限次测量数据中可疑数据,可按置信区间划分,即采用莱特准则。莱特准则定义,在测量数据为正态分布且测量次数足够多时,如果某个测量数据的剩余误差的绝对值满足条件就可以认为该测量值是可疑数据,应剔除。

$$|\nu_i| = |x_i - \overline{x}| > 3\overline{\sigma}(x)$$

四、测量误差一般处理原则

1. 系统误差远远大于随机误差的影响时,可忽略随机误差,按系统误差进行处理。

2. 若系统误差极小或已得到修正,按随机误差处理。

3. 系统误差与随机误差相差不大,二者均不可忽略时,应分别按不同的办法处理,然后估计其最终的综合影响。

附录 C 数字示波器测量信号参数

数字存储示波器的除了基本的波形测量之外,还有一些功能需要操作技巧,在本附录中进行补充和说明,包括用示波器观察波形以及测量电压、周期频率和光标测量等操作方法和李沙育图形测量信号的方法。

一、示波器部分测量功能

1. Measure 菜单的功能

该菜单可以选择需要测试信源通道、电压、时间项,也可以清除测量结果和控制全部测量的打开与关闭。

信源选择:按下该键选择被测量的通道,CH1 或 CH2。

电压测量:按下该键弹出电压测量的菜单,峰-峰值、最大值、最小值、顶端值、底端值、幅值、平均值、均方根值、过冲、预冲。

时间测量:按下该键选择时间测量项,周期、频率、上升时间、下降时间、正脉宽、负脉宽、正占空比、负占空比、延迟 $1\rightarrow2\uparrow$、延迟 $1\rightarrow2\downarrow$。

清除测量:按下该键停止测量,清除波形显示区域下测量结果。

全部测量:打开或关闭全部测量。一部分测量信息显示在波形区域的下侧。

2. 操作示例

测量 1 kHz、5 V 的方波上升、下降时间和直流偏置电压。

(1) 上升时间 t_r 测量

对示波器进行完调零之后,再用同轴电缆将示波器和信号发生器连接起来,在波形选择挡选择方波的波形,当得到所要的方波波形之后,调节示波器的时基旋钮将波形展开,使波形放大,接着按下扫描因数×5 的扩展键,调节水平旋钮,并调出两条水平引线,以便对波形的高度(即上升时间)进行读数,具体的计算公式如下:

$$上升时间 \ t_r = 上升沿格数 \times 扫描时基刻度 \div 5$$

(2) 下降时间 t_f 测量

在上述测量上升时间的基础上,调节水平旋转钮,观察并读取其波形的下降时间,参考公式如下:

$$下降时间 \ t_f = 下降沿格数 \times 扫描时基刻度 \div 5$$

(3) 直流偏置电压 V_o 测量

在前两步的基础上,接着按下信号源的直流偏置按钮,并读出波形峰值的格数(即高度)g_1,然后将 CH1 置为交流耦合并读波形峰值的格数 g_2,最后按以下公式计算直流偏置电压 V_0:

$$直流偏置电压 V_0 = (g_1 - g_2) \times 垂直幅度刻度$$

二、李沙育波形

1. 李沙育测试原理

几乎任何一种示波器均可用李沙育图形进行准确的频率测量。测量时,内扫描器不发生工作,但水平放大器应介入校准、频率可变的标准信号,此信号可由标准频率信号源供给。

利用李沙育图形测量频率时,通常将被测信号接入垂直放大器,将频率已知的标准信号接入水平放大器进行比较测量,调节信号源频率使示波器平面上显示图形呈圆形或椭圆形,则表明信号源频率与被测信号频率相同但相位不一致;当信号源可调频率范围过小,以致于不能调制被测信号的准确频率时,可将信号源频率调至成被测信号频率的倍数或约数,即只有当 $f_y : f_x$ 为 $m : n$,荧光屏上才会出现稳定的闭环图形,如果能从这些图形确定比值 $m : n$,而信号源频率又已知,就可算出被测信号频率 $f_y = f_x \times (m/n)$。李沙育图形见表 C-1。

2. 测试方法

将示波器与电路连接,监测电路的输入输出信号。要以 XY 显示格式查看电路的输入输出,可执行以下步骤。

(1) 按下"CH1"按钮,将"探头"选项衰减设置为"10×"。

(2) 按下"CH2"按钮,将"探头"选项衰减设置为"10×"。

(3) 将探头上的开关设为 10×。

(4) 将通道 1 的探头连接至网络的输入,将通道 2 的探头连接至网络的输出。

(5) 按下"AUTO"按钮。

(6) 旋转"Volt/div"旋钮,使两个通道上显示的信号幅值大致相同。

(7) 按下"DISPLAY"按钮,在格式选项选择"XY"。示波器显示一个李沙育图,表示电路的输入和输出特性。

(8) 旋转"Volt/div"和垂直"POSITION"旋钮以优化显示。

(9) 按下"持续"选项按钮,选择"无限"。

(10) 分别选择"网格亮度"和"波形亮度"通过旋转万能旋钮来调整显示屏的对比度。

表 C-1　李沙育图形

相位差	0°	45°	90°	135°	180°
频率比 1:1					

相位差	0°	45°	90°	135°	180°
频率比 1∶2					
频率比 1∶3					
频率比 2∶3					

3. 应用椭圆示波图形法观测并计算出相位差

如图 C-1 所示图形,根据 $\sin\theta = A/B$ 或 C/D,其中 θ 为通道间的相差角,A、B、C、D 的定义见图 C-1。因此可得出相差角即 $\theta = \pm\arcsin(A/B)$ 或 $\theta = \pm\arcsin(C/D)$。如果椭圆的主轴在 Ⅰ、Ⅲ 象限内,那么所求得的相位差角应在 Ⅰ、Ⅳ 象限内,即在 $(0\sim\pi/2)$ 或 $(3\pi/2\sim2\pi)$ 内。如果椭圆的主轴在 Ⅱ、Ⅳ 象限内,那么所求得的相位差角应在 Ⅱ、Ⅲ 象限内,即在 $(\pi/2\sim\pi)$ 或 $(\pi\sim3\pi/2)$ 内。另外,如果两个被测信号的频率具有整数倍或相位差在 $\pi/4$ 或 $\pi/2$ 时,根据图形可以推算出两信号之间频率及相位关系。

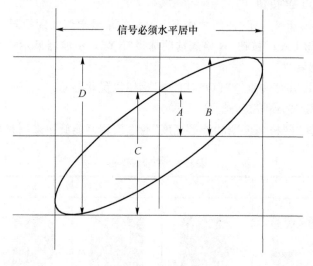

图 C-1　李沙育图

4. 李沙育图形的测量示例

（1）调节一台函数发生器，使其产生峰-峰值为 2 V，频率为 1 kHz 的正弦波。

（2）调节另一台函数发生器，使其产生峰-峰值为 2 V，频率为 1 kHz、2 kHz、3 kHz 的正弦波且与第一台信号发生器的相位分别相差 0°和 90°（共 6 种波形）。

（3）示波器两个通道分别接入频率关系为一倍、两倍、三倍关系的正弦波信号，调节出李沙育图形。

（4）观察和记录得到的李沙育图形，并分析两个信号的相位关系，将测量结果进行记录。

附录 D　逻辑笔的使用基础

逻辑笔是采用不同颜色的指示灯表示数字电平的高低的仪器。它是测量数字电路一种较简便的工具。

使用逻辑笔可快速测量出数字电路中有故障的芯片。逻辑笔上一般有二至三只信号指示灯，红灯一般表示高电平，绿灯一般表示低电平，黄灯表示所测信号为脉冲信号。逻辑笔一般有两个用于指示逻辑状态的发光二极管，性能较好的还有第 3 个，用于提供以下6 种逻辑状态指示，见表 D-1。

表 D-1　逻辑笔工作框图

序号	被测点逻辑状态	逻辑笔响应
1	稳定的逻辑"1"状态	红灯稳定亮
2	稳定的逻辑"0"状态	绿灯稳定亮
3	在逻辑"1"与"0"中间状态	两灯均不亮
4	单次正脉冲	绿—红—绿
5	单次负脉冲	红—绿—红
6	低频序列脉冲	红绿灯交替闪烁

一、逻辑笔的基本使用方法

逻辑笔的电源取自于被测电路。测试时，将逻辑笔的电源夹子夹到被测电路的任一电源点，另一个夹子夹到被测电路的公共接地端。逻辑笔与被测电路的连接除了可以为逻辑笔提供接地外，还能改善电路灵敏度及提高被测电路的抗干扰能力。

除了测量脉冲信号外，LP 系列逻辑笔在测量状态信号时也具有独到功能：它能分辨出被测信号的高阻抗状态（悬空状态）。LED 指示灯发出红色表示被测信号是高电平，蓝色表示是低电平，而绿色则表示被测点处于高阻抗状态。在高电平时蜂鸣器发出中音，低电平时蜂鸣器发出低音，而高阻抗状态时蜂鸣器是静默的。

二、逻辑笔使用示例

1. 74LS00 逻辑功能测试

（1）将 74LS00 的输入端接电平设置开关，将输出端接逻辑电平指示，用逻辑笔测试TTL 与非门 74LS00 在不同输入状态的逻辑功能，并将结果进行记录。

（2）对比逻辑笔的记录和 74LS00 本身逻辑状态，观察逻辑笔的准确性。

2. 用逻辑笔测试 TTL 与非门电压传输特性。

（1）测试条件：测空载电压传输特性。输出空载，任一输入端接可调电压，其他输入端悬空。

（2）测试电路如图 D-1，利用 $R_P = 10\ \text{k}\Omega$ 电位器（在数字电路实验系统上）调节输入电压值 U_i，同时测量输出电压值 U_o，并将测试数据进行记录填入表 D-2。

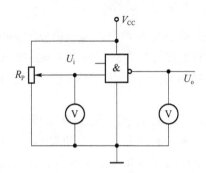

图 D-1　TTL 与非门电压传输特性的测试电路图

表 D-2　TTL 与非门电压传输特性测试数据

U_i/V	0.3	0.5	1.0	1.1	1.2	1.5	2.0
U_o/V							
逻辑笔状态							

3. 单次正负脉冲测试

在实验箱中找到"单脉冲电路"。

（1）将逻辑笔接触 P11，按下 P11 上方的红色按钮，观察逻辑笔指示灯变化，判断 P11 输出信号为上升沿还是下降沿。

（2）将逻辑笔接触 P12，按下 P12 上方的红色按钮，观察逻辑笔指示灯变化，判断 P12 输出信号为上升沿还是下降沿。

4. 低频序列脉冲测试

在实验箱中找到"1 Hz"脉冲输出孔。将逻辑笔接触"1 Hz"脉冲输出孔，观察逻辑笔指示灯变化，判断输出的是什么信号，并画出前几个周期信号图形。

附录 E　Multisim 的使用

Multisim 是美国国家仪器(NI)有限公司推出的以 Windows 为基础的仿真工具,适用于板级的模拟/数字电路板的设计工作。它包含了电路原理图的图形输入、电路硬件描述语言输入方式,具有丰富的仿真分析能力。工程师可以使用 Multisim 交互式地搭建电路原理图,并对电路进行仿真。

Multisim 提炼了 SPICE 仿真的复杂内容,这样工程师不需要深入懂得 SPICE 技术就可以很快地进行捕获、仿真和分析新的设计,这也使其更适合电子学教育。通过 Multisim 和虚拟仪器技术,PCB 设计工程师和电子学教育工作者可以完成从理论到原理图捕获与仿真,再到原型设计和测试这样一个完整的综合设计流程。在仿真分析方面可以完成交流分析、暂态分析、傅里叶分析、噪声分析、失真分析、直流扫描、灵敏度分析、参数扫描、温度扫描、零-极点分析、传输函数分析、最坏情况分析等。

一、Multisim 功能特点

(1) 采用直观的图形界面创建电路,在计算机屏幕上模仿真实实验室的工作平台,创建电路需要的元器件,电路仿真需要的测试仪器均可直接从屏幕上选取,操作方便。

(2) Multisim 提供的虚拟仪器的控制版面外形和操作方式都与实物相似,可实时显示测量结果。

(3) Multisim 带有丰富测量元件,提供 13 000 个元件,元件被分为不同的系列,可以非常方便地选取。此外还提供 20 种常用器件逼真的 3D 视图,给设计者生动的器件,以体会真实设计的效果。

(4) Multisim 具有强大的电路分析功能,提供了直流分析、交流分析、顺势分析、傅里叶分析、传输函数分析等 19 种分析功能。作为设计工具,它可以同其他流行的电路分析、设计和制版软件交换数据。

(5) Multisim 还是一个优秀的电子技术训练工具,相比于实验室利用它提供的虚拟仪器可以更灵活地进行电路实验,查看仿真电路的实际运行情况,熟悉常用电子仪器测量方法。

(6) 有多种输入输出接口,与 SPICE 软件兼容,可相互转换。Multisim 产生的电路文件还可以直接输出至常见的 Protel、Tango、Orcad 等印制电路板排版软件。

二、Multisim 操作界面

打开 Multisim 软件,其基本界面如图 E-1 所示。

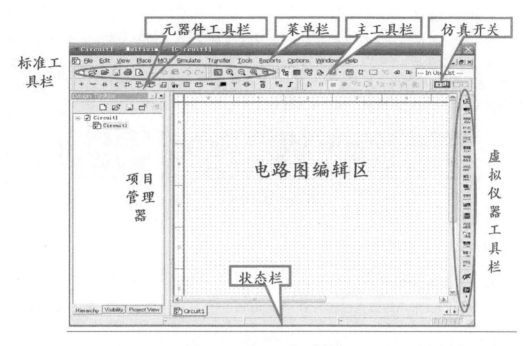

图 E-1　Multisim10 的工作界面

1. Multisim 菜单栏

11 个菜单栏包括了该软件的所有操作命令。从左至右为：File(文件)、Edit(编辑)、View(窗口)、Place(放置)、Simulate(仿真)、Transfer(文件输出)、Tools(工具)、Reports(报告)、Options(选项)、Window(窗口)和 Help(帮助)。

2. Multisim 元器件栏

由于该工具栏是浮动窗口，所以不同用户显示会有所不同(方法是：用鼠标右击该工具栏就可以选择不同工具栏，或者鼠标左键单击工具栏不要放，便可以随意拖动)。

如图 E-2 所示，第一排从左到右依次是：新建，打开，保存，打印，打印预览，剪切，复制，粘贴，撤销，重做；全屏显示，放大，缩小，选择放大，100％显示；电源，电阻，二极管，三极管，集成电路，TTL 集成电路，COMS 集成电路，数字器件，混合器件库，指示器件库，其他器件库，电机类器件库，射频器件库；导线，总线。

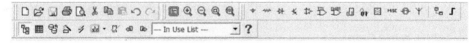

图 E-2　元器件栏

第二排从左到右依次是：显示或隐藏设计项目栏，电路属性栏，电路元件属性栏，新建元件对话框，启动仿真分析，图表，电气规则检查，从 Unltiboard 导入数据，导出数据到 Unltiboard，使用元件列表，帮助。

3. 仪器仪表栏

Multisim 在仪器仪表栏下提供了 17 个常用仪器仪表,如图 E-3 所示。依次为数字万用表、函数发生器、瓦特表、双通道示波器、四通道示波器、波特图仪、频率计、字信号发生器、逻辑分析仪、逻辑转换器、IV 分析仪、失真度仪、频谱分析仪、网络分析仪、Agilent 信号发生器、Agilent 万用表、Agilent 示波器。

图 E-3　仪器仪表栏

三、Multisim 基本操作

1. 文件基本操作

与 Windows 常用的文件操作一样,Multisim 中也有通用的操作菜单,分别为以下菜单。

New:新建文件。

Open:打开文件。

Save:保存文件。

Save As:另存文件。

Print:打印文件。

Print Setup:打印设置。

Exit:退出相关的文件操作。

以上这些操作可以在菜单栏 File 子菜单下选择命令,也可以应用快捷键或工具栏的图标进行快捷操作。

2. 元器件基本操作

常用的元器件编辑功能有:90 Clockwise——顺时针旋转 90°、90 Counter CW——逆时针旋转 90°、Flip Horizontal——水平翻转、Flip Vertical——垂直翻转、Component Properties——元件属性等。

这些操作可以在菜单栏 Edit 子菜单下选择命令,也可以应用快捷键进行快捷操作。操作效果如图 E-4 所示。

| 原始图像 | 顺时针旋转 90° | 逆时针旋转 90° | 水平翻转 | 垂直翻转 |

图 E-4　元件操作图

3. 文本基本编辑

对文字注释方式有两种:直接在电路工作区输入文字或者在文本描述框输入文字,两种操作方式有所不同。

(1) 电路工作区输入文字

单击 Place/Text 命令或使用 Ctrl＋T 快捷键,然后用鼠标单击需要输入文字的位置,输入需要的文字。用鼠标指向文字块,单击鼠标右键,在弹出的菜单中选择 Color 命令,选择需要的颜色。双击文字块,可以随时修改输入的文字。

(2) 文本描述框输入文字

利用文本描述框输入文字不占用电路窗口,可以对电路的功能、实用说明等进行详细地说明,可以根据需要修改文字的大小和字体。单击 View/Circuit Description Box 命令或使用快捷操作 Ctrl＋D,打开电路文本描述框,在其中输入需要说明的文字,可以保存和打印输入的文本,如图 E-5 所示。

图 E-5　文本描述框

4. 图纸标题栏编辑

单击 Place/Title Block 命令,在打开对话框的查找范围处指向 Multisim/Titleblocks 目录,在该目录下选择一个 ＊.tb7 图纸标题栏文件,放在电路工作区。用鼠标指向文字块,单击鼠标右键,在弹出的菜单中选择 Properties 命令。如图 E-6 所示。

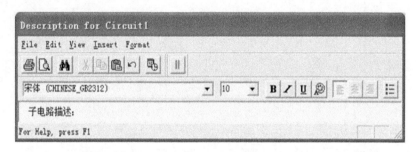

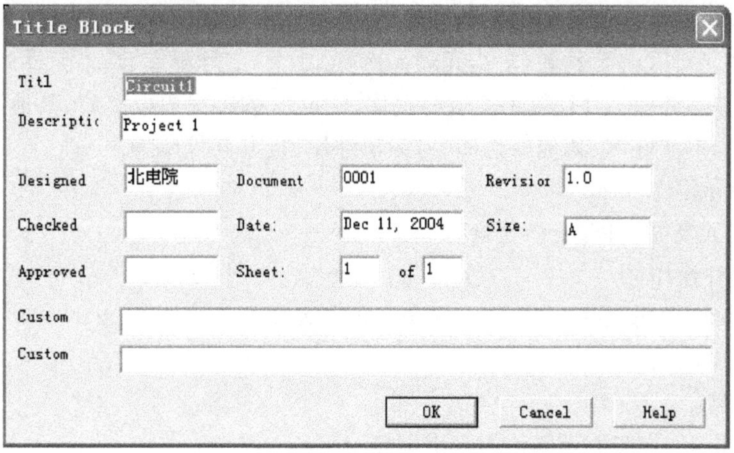

图 E-6　图纸标题栏

四、Multisim 电路创建

1. 启动 Multisim

在 Windows 的开始菜单中找到 Multisim 菜单，或在桌面点击快捷图标，启动软件，如图 E-7 所示。

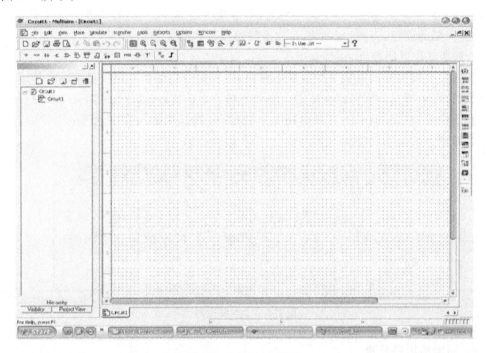

图 E-7　Multisim 界面

2. 元器件操作

（1）选择元器件

在元器件栏中单击要选择的元器件库图标，打开该元器件库。在屏幕出现的元器件库对话框中选择所需的元器件，常用元器件库有 13 个：信号源库、基本元件库、二极管库、晶体管库、模拟器件库、TTL 数字集成电路库、CMOS 数字集成电路库、其他数字器件库、混合器件库、指示器件库、其他器件库、射频器件库、机电器件库等。

（2）选中元器件

鼠标单击元器件，可选中该元器件。

（3）元器件操作

选中元器件，单击鼠标右键，在菜单中出现下列操作命令。

Cut：剪切。

Copy：复制。

Flip Horizontal：选中元器件的水平翻转。

Flip Vertical：选中元器件的垂直翻转。

90 Clockwise：选中元器件的顺时针旋转 90°。

90 Counter CW：选中元器件的逆时针旋转 90°。

Color：设置器件颜色。

Edit Symbol：设置器件参数。

Help：帮助信息。

（4）元器件特性参数

双击该元器件，在弹出的元器件特性对话框中，可以设置或编辑元器件的各种特性参数。元器件不同每个选项下将对应不同的参数。

如：NPN 三极管的选项为 Label——标识，Display——显示，Value——数值，Pins——引脚。

3. 子电路创建

子电路是用户自己建立的一种单元电路。将子电路存放在用户器件库中，可以反复调用并使用子电路。利用子电路可使复杂系统的设计模块化、层次化，可增加设计电路的可读性、提高设计效率、缩短电路制作周期。

创建子电路的工作需要以下几个步骤：选择、创建、调用、修改。

（1）子电路创建

单击 Place/Replace by Subcircuit 命令，在屏幕出现 Subcircuit Name 的对话框中输入子电路名称 sub1，单击 OK 按钮，选择电路复制到用户器件库，同时给出子电路图标，完成子电路的创建。

（2）子电路调用

单击 Place/Subcircuit 命令或使用 Ctrl＋B 快捷键，输入已创建的子电路名称 sub1，即可使用该子电路。

（3）子电路修改

双击子电路模块，在出现的对话框中单击 Edit Subcircuit 命令，屏幕显示子电路的电路图，直接修改该电路图。

（4）子电路的输入/输出

为了能对子电路进行外部连接，需要对子电路添加输入/输出。单击 Place/HB/SB Connecter 命令或使用 Ctrl＋I 快捷键，屏幕上出现输入/输出符号，将其与子电路的输入/输出信号端进行连接。带有输入/输出符号的子电路才能与外电路连接。

（5）子电路选择

把需要创建的电路放到电子工作平台的电路窗口上，按住鼠标左键，拖动，选定电路。被选择电路的部分由周围的方框标示，完成子电路的选择。

五、Multisim 常用仪器仪表的使用

1. 数字万用表（Multimeter）

Multisim 提供的万用表外观和操作与实际的万用表相似，可以测电流 A、电压 V、电阻 Ω 和分贝值 db，测直流或交流信号。万用表有正极和负极两个引线端。

图 E-8 中，左下是万用表的图标。双击万用表的电路图形，可以进入该万用表的挡位设置界面，如图 E-8 左上的图形，在该界面下，单击 Set 按钮，将进入参数设置界面，如图 E-8 右面图形所示。

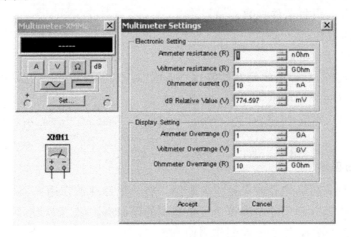

图 E-8　数字万用表设置

2. 函数发生器(Function Generator)

Multisim 提供的函数发生器可以产生正弦波、三角波和矩形波，信号频率可在 1 Hz 到 999 MHz 范围内调整。信号的幅值以及占空比等参数也可以根据需要进行调节。信号发生器有三个引线端口：负极、正极和公共端。

在图 E-9 中，左边是函数信号发生器的电路图形，双击该图形，将进入图 E-9 右边所示的函数信号发生器参数设置界面，可以设置函数发生器输出信号的波形、频率、占空比、幅度、直流偏移电压等参数。

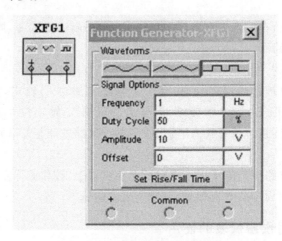

图 E-9　函数信号发生器设置

3. 双通道示波器(Oscilloscope)

Multisim 提供的双通道示波器与实际的示波器外观和基本操作都基本相同。

示波器可以观察一路或两路信号波形的形状,分析被测周期信号的幅值和频率,时间基准可在秒至纳秒范围内调节。示波器图标有四个连接点:A 通道输入、B 通道输入、外触发端 T 和接地端 G,如图 E-10 左上图形所示。

在电路仿真时,示波器将弹出如图 E-10 右边所示的对话框,该对话框就是虚拟示波器的控制面板。示波器的控制面板分为四个部分。

(1) Time base(时间基准)

Scale(量程):设置显示波形时的 X 轴时间基准。

X position(X 轴位置):设置 X 轴的起始位置。

显示方式设置有四种:Y/T 方式指的是 X 轴显示时间,Y 轴显示电压值;Add 方式指的是 X 轴显示时间,Y 轴显示 A 通道和 B 通道电压之和;A/B 或 B/A 方式指的是 X 轴和 Y 轴都显示电压值。

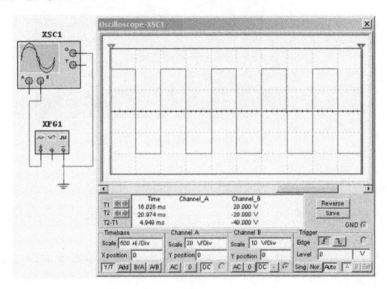

图 E-10　双路示波器设置

(2) Channel A(通道 A)

Scale(量程):通道 A 的 Y 轴电压刻度设置。

Y position(Y 轴位置):设置 Y 轴的起始点位置,起始点为 0 表明 Y 轴和 X 轴重合,起始点为正值表明 Y 轴原点位置向上移,否则向下移。

触发耦合方式:AC(交流耦合)、0(0 耦合)或 DC(直流耦合),交流耦合只显示交流分量,直流耦合显示直流和交流之和,0 耦合在 Y 轴设置的原点处显示一条直线。

(3) Channel B(通道 B)

通道 B 的 Y 轴量程、起始点、耦合方式等项内容的设置与通道 A 相同。

(4) Tigger(触发)

触发方式主要用来设置 X 轴的触发信号、触发电平及边沿等。Edge(边沿):设置被测信号开始的边沿,设置先显示上升沿或下降沿。Level(电平):设置触发信号的电平,使触发信号在某一电平时启动扫描。触发信号选择:Auto(自动)、通道 A 和通道 B 表示用相应的通道信号作为触发信号；Ext 为外触发；Sing 为单脉冲触发；Nor 为一般脉冲触发。

4. 频率计（Frequency couter）

频率计主要用来测量信号的频率、周期、相位，脉冲信号的上升沿和下降沿，频率计的图标、面板以及使用如图 E-11 所示。使用过程中应注意根据输入信号的幅值调整频率计的 Sensitivity（灵敏度）和 Trigger Level（触发电平）。

如图 E-11 左面就是频率计的图形，双击该图形，弹出如图 E-11 右面的频率计设置界面。可以在频率计设置界面中，设置频率计的显示结果类型、信号幅度、触发电平等参数。

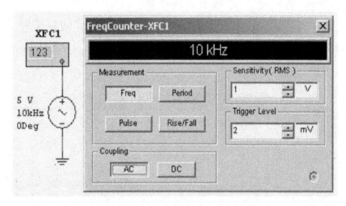

图 E-11　频率计设置

六、Multisim 的分析方法

为了分析电路的交流信号是否能正常放大，必须了解电路的直流工作点设置得是否合理，所以首先应对电路的直流工作点进行分析。

例如在 Multisim 工作区构造一个单管放大电路，电路中电源电压、各电阻和电容取值如图 E-12 所示。

注意：图中的 1、2、3、4、5 等编号可以从 Options—sheet properties—circuit—show all 调试出来。

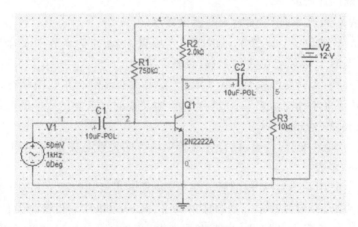

图 E-12　单管放大仿真电路

1. 直流工作点分析(DC Operating Point Analysis)

直流工作点分析也称静态工作点分析,电路的直流分析是在电路中电容开路、电感短路时,计算电路的直流工作点,即在恒定激励条件下求电路的稳态值。

在电路工作时,无论是大信号还是小信号,都必须给半导体器件以正确的偏置,以便使其工作在所需的区域,这就是直流分析要解决的问题。了解电路的直流工作点,才能进一步分析电路在交流信号作用下电路能否正常工作。求解电路的直流工作点在电路分析过程中是至关重要的。

执行菜单命令 Simulate/Analyses,在列出的可操作分析类型中选择 DC Operating Point,则出现直流工作点分析对话框,如图 E-13(a)所示。直流工作点分析对话框如图 E-13(b)所示。

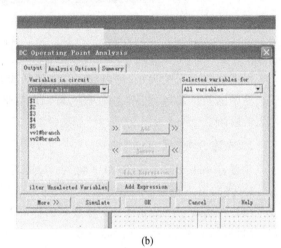

|(a)|(b)|

图 E-13　电路直流工作点分析

(1) Output 选项

Output 用于选定需要分析的节点。

左边 Variables in circuit 栏内列出电路中各节点电压变量和流过电源的电流变量。右边 Selected variables for 栏用于存放需要分析的节点。

具体做法是先在左边 Variables in circuit 栏内中选中需要分析的变量(可以通过鼠标拖拉进行全选),再单击 Add 按钮,相应变量则会出现在 Selected variables for 栏中。如果 Selected variables for 栏中的某个变量不需要分析,则先选中它,然后单击 Remove 按钮,该变量将会回到左边 Variables in circuit 栏中。

(2) Analysis Options 和 Summary

分析的参数设置,并在 Summary 页中排列了该分析所设置的所有参数和选项。用户通过检查可以确认这些参数的设置。

当单击图 E-13(b)下部 Simulate 按钮,会显示测试结果,如图 E-14 所示。测试结果给出电路各个节点的电压值。

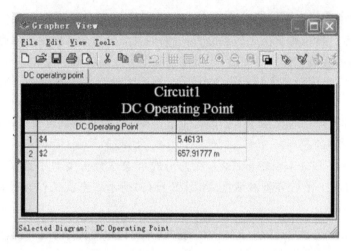

图 E-14   测试结果

根据这些电压的大小,可以确定该电路的静态工作点是否合理。如果不合理,可以改变电路中的某个参数,利用这种方法,可以观察电路中某个元件参数的改变对电路直流工作点的影响。

2. 交流分析(AC Analysis)

用鼠标单击 Simulate 菜单下的 Analysis 子菜单中的 AC Analysis 项弹出 AC Analysis 对话框,进入交流分析状态。

(1) Frequency Parameters 参数对话框可以确定分析的起始频率、终点频率、扫描形式、分析采样点数和纵向坐标等参数。

Startfrequency:设置分析的起始频率。

Stop frequency:设置分析的终点频率。

Sweep type:设置分析扫描方式。Linear,线性扫描;Octave,八倍频程变化扫描;Decade,十倍频程变化扫描。

Number of points per dacade:每十倍频程的分析采样数。

Vertical scale:选择纵坐标刻度形式。Decibel,分贝;Linear,线性;Octave,八倍;Logarithmic,对数。

Reset to default:恢复默认值。

(2) Output variables、Miscellaneous Options、Summary 和直流工作点分析的设置一样。

3. 瞬态分析(Transient Analysis)

用鼠标点击 Simulate 菜单下的 Analysis 子菜单中的 Transient Analysis 项弹出 Transient Analysis 对话框,进入瞬态分析状态。

(1) Analysis Parameters 对话框为瞬态分析属性设置对话框。对话框中各项目如下。

Initial conditions:选择初始条件。Automatically determine Initial conditions,程序

自动设置初始值;Set to Zero,初始值设置为 0;User defined,用户定义初始值;Calculate DC operating point,通过计算直流工作点得到初始值。

Parameters:对时间间隔和步长等参数进行设置。

Start time:设置开始分析的时间。

End time:设置结束分析的时间。

Maximum time step settings:设置分析的最大时间步长。

Maximum number of time points:设置单位时间内的采样点数。

Maximum time step(TMA):设置最大的采样时间间距。

Generate timesteps automatically:程序自动决定分析的时间步长。

(2) Output variables、MiscellaneousOptions、Summary 和直流工作点分析的设置一样。

七、Multisim 仿真操作示例

1. 新建仿真文件

进入软件,从文件菜单中选择新建文件,出现一个空白的仿真页面。选择存储位置,保存新建文件。

2. 放置元件

(1) 单击菜单栏上 Place/Component,弹出如图 E-15 所示的 Select a Component 对话框。

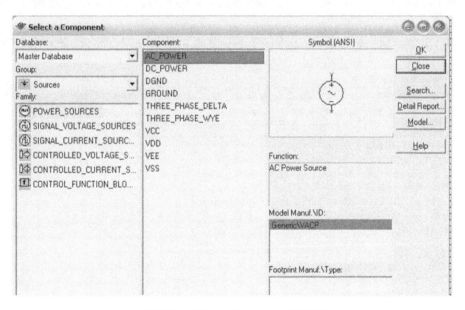

图 E-15 Select a Component 对话框

(2) 在 Group 下拉菜单中选择 Basic。如图 E-16 所示,出现具体的元件类型列表,包括常见的电阻、电容、三极管等各大类清单。

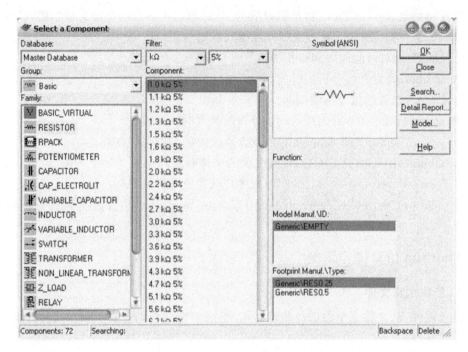

图 E-16　Select a Component 参数选择

（3）在 E-16 中选中 RESISTOR（电阻），此时在右边列表中出现各种不同型的电阻。在列表中，选中 1.5 kΩ 5％电阻，单击 OK 按钮。此时回到工作窗口，出现电阻符号，如图 E-17 所示。

该电阻随鼠标一起移动，在工作区适当位置点击鼠标左键，即可将该电阻放置到电路中。

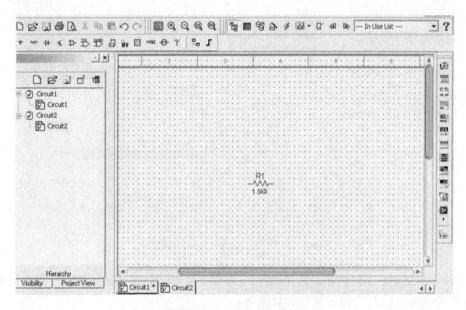

图 E-17　1.5 kΩ 电阻放置

（4）同理，把电路所需要的所有电阻放入工作区，如图 E-18 所示。

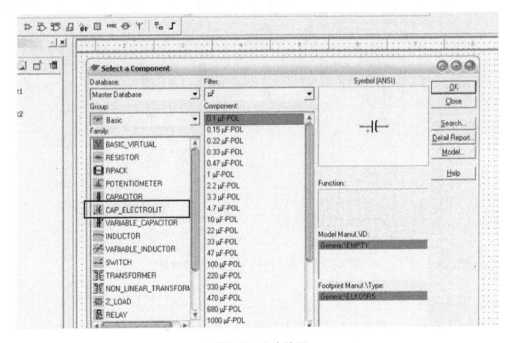

图 E-18　所有电阻放置完成

（5）同样，如图 E-19 所示，从电容列表中，选取电容 10 μF 两个，放在工作区适当位置。

图 E-19　电容放置

（6）同理如下所示，选取滑动变阻器、三极管等其他元件。

（7）选取信号源和接地。如图 E-20 所示，从"Sources"才能找到电源和接地仿真符号。

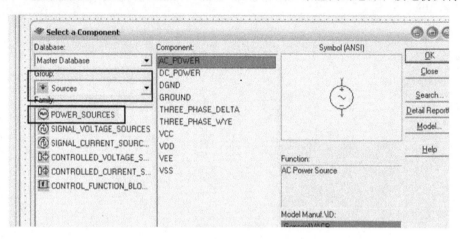

图 E-20   信号源和接地选择

3. 连接电路

在各类元器件都放置到电路之后，可以将各元器件按照电路工作原理，进行连接。如图 E-21 所示，就是一个已经完成的单管放大仿真电路。

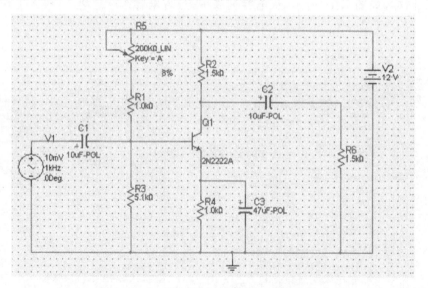

图 E-21   已经完成的单管放大仿真电路

4. 放置仪表

当电路完成后，需要从电路中得到电路的运行数据，往往需要在电路中增加仿真仪器仪表。单击仪表工具栏中的第一个（即万用表），放置如图 E-22 所示。

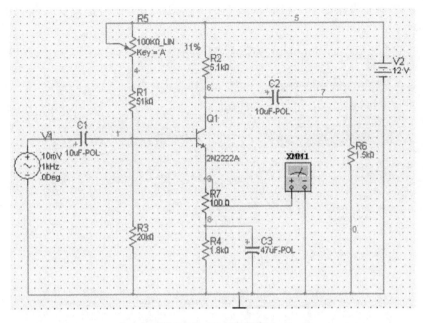

图 E-22　万用表放置

5. 静态数据仿真(直流分析)

单击工具栏中 ▷ 运行按钮,便进行数据的仿真。之后,双击万用表图标,观察并记录三极管 e 端对地的直流电压。

然后单击滑动变阻器,会出现一个虚框,之后,按 A 键,可以增加滑动变阻器的阻值,Shift＋A 便可以降低其阻值。

(1) 调节滑动变阻器的阻值,使万用表的数据为 2.2 V。

(2) 执行菜单栏中 Simulate/Analyses/DC Operating Point…。

(3) 如图 E-23 所示操作。

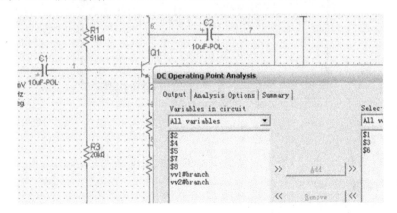

图 E-23　静态仿真

注意：$1就是电路图中三极管基级上的$1，$3、$6分别是发射极和集电极上的$3和$6。

（4）点击对话框上的Simulate，如图E-24所示。

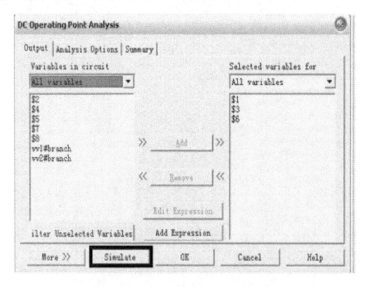

图 E-24　DC Operating Point 对话框

（5）直流工作点分析的结果如图 E-25 所示。

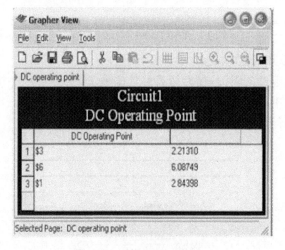

图 E-25　仿真结果

在操作中，注意 R_P 的值，等于滑动变阻器的最大阻值乘上百分比。

6. 动态仿真操作

（1）删除负载电阻 R_6，重新连接示波器如图 E-26 所示。

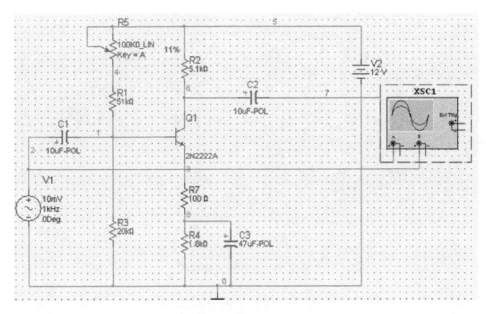

图 E-26　动图仿真连接图

（2）重新启动仿真，波形如图 E-27 所示。

在 E-27 中，可以单击 T1 和 T2 的箭头，移动如图所示的竖线，就可以读出输入和输出的峰值。峰-峰值变为有效值需要除以 $2\sqrt{2}$。

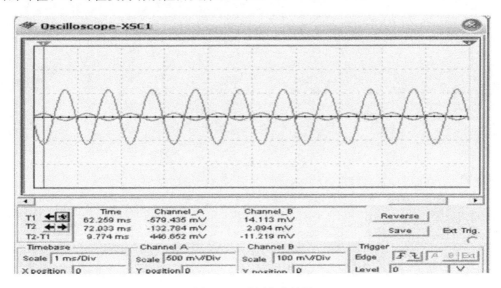

图 E-27　动图仿真结果

在停止仿真时，可以调节电路参数，比如分别加上 5.1 kΩ 或 330 Ω 的负载电阻，如图 E-28 所示，并重新运行和记录对比数据，实现对电路参数变化的清楚认知。

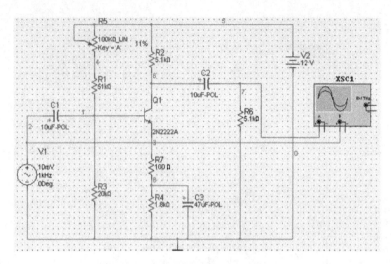

图 E-28　动图仿真连接图

在仿真时,还可以通过增大和减小滑动变阻器的值,观察 U_{o} 以及波形的变化,了解该电路的偏置对工作状态的影响。

当然,也可以通过软件的瞬态分析、交流分析等进一步对电路进行分析,了解电路的交流工作状态。